优质城市主义

——创建繁荣场所的六个步骤

GOOD URBANISM:

Six Steps to Creating Prosperous Places

［美］南·艾琳 著

赵 瑾 译

王林林 校

中国建筑工业出版社

著作权合同登记图字：01-2015-4800号

图书在版编目（CIP）数据

优质城市主义：创建繁荣场所的六个步骤/（美）南·艾琳著；赵瑾译．—北京：中国建筑工业出版社，2017.6
ISBN 978-7-112-20892-0

Ⅰ.①优… Ⅱ.①南…②赵… Ⅲ.①城市规划—建筑设计—北美洲 Ⅳ.①TU984.71

中国版本图书馆CIP数据核字（2017）第147084号

Good Urbanism / Nan Ellin

责任编辑：姚丹宁　董苏华
责任校对：赵　颖　李美娜

优质城市主义——创建繁荣场所的六个步骤

[美]南·艾琳　著
　　赵　瑾　译
　　王林林　校

*

中国建筑工业出版社出版、发行（北京海淀三里河路9号）
各地新华书店、建筑书店经销
北京京点图文设计有限公司制版
北京中科印刷有限公司印刷

*

开本：889×1194毫米　1/20　印张：7　字数：141千字
2017年10月第一版　2017年10月第一次印刷
定价：40.00元
ISBN 978-7-112-20892-0
（27584）

中文版前言 PREFACE

人类作为地球上最智能的生物，却建造着唯一不可持续的居住环境。事实上，或许聪明过头，发达的大脑反而让我们忘却了生存之本。但令人欣慰的是，“过去并不代表未来”[1]，对建造不可持续居住环境的逆袭现在已经开始显现。

《优质城市主义》这本书描述当下这股正在推进人类文明，让世界各地的城市设计、场所建设和社区营造更加合理的转变。本书通过引用来自美国的10个案例研究，从小到住所、大到生物群落的各个尺度上，为改善人类居住环境提供指引。我将这股转变描述为向下一阶段可持续性的迈近，或超越可持续性，迈向繁荣（兴旺）。对出版本书中文版我深感欢喜，因为这代表着将会有更多人参与到这个对话中来，从而加速推动这股转变。

随着信息技术的发展，我们越来越容易接触和了解到各种信息资源，我们已经迎来了一个新的全球共同体（也称为“地球村”）。在这个新的全球化经济中，价值体现于充裕性、共享性和合作性，而不再是稀缺性和竞争性。[2] 因此自然而然地，这个新的全球共同体／经济体的目标和实现它们的方法也正在发生转变。

人类若想不受约束地持续在地球上生存下去，则必须创新。只有创新才能解决当下的一些难题，包括能源、气候、债务和社会平等／融合危机等，同时让我们维持自身、社会关系、社区和场所等各方面的健康。要实现创新，我们则需要以欣赏性提问的方式来指出当前所面临的重要问题，检视已有的优势和劣势，然后立足于优势，把问题转化为机会。

这股转变要求我们在思考和行为上，从被动转变为主动，从追求稀缺性转变为追求充裕性，从快转变为慢，从表面转变为深度，从目标转变为系统，从支离破碎转变为系统完整，从畏惧转变为爱，让我们在思考的同时更加关注内

---

[1] 保罗·瓦莱里、勒内·杜博斯、阿尔伯特·迈耶和刘易斯·芒福德等人都提过。

[2] 查尔斯·兰德里对这种转变解释道：“工业经济时代的价值依赖于稀缺性，因此当事物变得充裕时就会贬值。网络经济逆转了这一逻辑：价值存在于丰富性和关联性。传真或电子邮件，只有当别人也在使用时才会有价值……标准和网络的升值与硬件和软件成本的降低成正比。‘慷慨法’阐释了如何通过给予别人可及性来获取价值……我们的目标是不可或缺性，它带动产生其他销售——例如配套产品、升级、广告等。”（创意城市，2000，33-4）

心的感受，它正在影响着我们理解自我、他人、自然景观和建成环境的方式。由过去十年间逐渐呈现的一些重要成果，现在已经勾画出了新时代的轮廓。相信我们终能治愈在过去一个半世纪中对环境、城市、社会和心理所造成的创伤。

《优质城市主义》提醒我们任何地方都有可能实现繁荣，它通过对规划设计和社区建设添加一些新的工具，以指导、鼓励并启发我们去改善居住场所。本书所描述的这个过程让我们能够畅想场所的最佳可能性并且去实现它们，同时为沿途的盲点和陷阱指路引航。这个过程由六个阶段组成：憧憬、打磨、提案、样本、宣传和呈现。

我们常说，希望和畏惧是促使我们向前迈进的两股动力。我们不再需要更多畏惧，但仍需要本书所倡导的希望，也需要书中所描述的这条能够通往繁荣场所的道路。我们当前的工作应当是维护和加速这股上升的潮流，以此来改变建造不可持续居住环境的形势。《优质城市主义》旨在确保我们抓住当下的时机，以改善我们当下和未来的生活品质。

南·艾琳

写于美国得克萨斯州达拉斯市

2015年9月13日

译者序 PREFACE

2014 年夏天的某个中午，我在旧金山聆听了南·艾琳给其新书——《优质城市主义》所做的演讲。艾琳提出的这条通往繁荣场所的道路令我耳目一新，随后我便买了她的这本书细细阅读。我很喜欢全书所采用的积极论调，艾琳相信一切困难都是机会的伪装，任何地方都能被建设成为优质场所；她让人们多关注场所已有的优势，摒弃传统城市规划从问题着手的方法。

两年前，我参与翻译了 SOM 规划创始人约翰·寇耿的《城市营造：21 世纪城市设计的九项原则》，许多国内的同学和朋友向我转述了对该书的好评，因此我深知一本好书的出版对行业的积极影响。我相信《优质城市主义》这本书能启发人们对如何营造优质场所做更多思考甚至付诸行动，于是毫不犹豫地联系了艾琳帮她翻译出版这本书的中文版。

《优质城市主义》这本书从名字上看似乎是一本仅面向城市规划设计人员的专著，但实际上它面向所有生活在城市中的人们。艾琳认为，只要沿着书中所描绘的这条通往繁荣的道路，人人都能成为营造优质场所的倡导者或参与者。当然，中美两国在国情和体制上都有很大的不同，我不敢妄言书中提出的方法完全适用于中国，但它提出的这种发自民间的城市建设思想正是我们国家所缺少的。

近年来，各类众筹活动开始在世界各地兴起，其中不乏一些造福社会的公益活动。今年 4 月份的时候，我的一位热衷于公益事业的朋友就组织了一项众筹活动，开办了全中国第一家 24 小时营业的公益书店。众筹能集合众人的资金、时间、智慧和经验，在各个领域中几乎都能发挥重要作用，在规划和建筑设计行业也开始出现一些众筹旅游小镇、度假酒店等项目。然而，除了这些商业化的城市建设项目，我们社会更需要的是对居民日常生活空间的关注。人们常常抱怨现在的社区缺乏归属感，缺乏人情味，缺乏安全感。从规划设计的角度分析，缺少人人可以共享、安全、舒适的公共空间则是这些问题之根本。

若要改善全国范围内大大小小的城市公共空间，我想光凭规划设计师们的力量是远远不够的，或许只有发自民间的力量才能拯救当前城市环境所存在的问题。《优质城市主义》引用的案例虽都来自美国，但拥有高品质生活是全人类共同的期望，这些案例多少都有可借鉴之处。其实，在中国也不乏一些自发于民间创造优质场所的案例。之前看过一篇报道，江苏某镇的一个居民小区，自发众筹 6000 元建设公共空间，从此 260 多户小区居民成了一家人，哪家孩子生病没人照顾会有人自愿去帮忙，逢年过节会组织集体活动等，终于发展成人人向往的、充满关爱的社区。像这样的案例真的值得好好推广，我们社会需要更多类似这样的正能量。

我同意艾琳所说的，若我们的关注点落在好上，便会好上加好；若关注点落在问题和缺点上，则会变得愈加狭隘。在营造城市环境时，我们应多关注场所已有的各种优势，包括人文、地理、历史等，一旦挖掘了场所的内在基因，并集结众人的力量，相信任何地方都有成为繁荣场所的可能。

赵瑾

写于美国加州旧金山市

2015 年 9 月 19 日

目　录 CONTENTS

第一章 | 引 言

我曾经住过的一栋房子里有一株盆栽的常青藤，我常常给它浇水，但是很奇怪，它从来不长大。我生活在那里的两年中它没死，但也不曾改变形状或长出新叶。我把它留给了房子的下一任主人。每每想到它，我就会联想到许多城市场所，也许如它一般一直存活着，但却从未绽放。

在人类的大部分历史中，我们通常择良地而栖，尽量不去挑战恶劣的居住环境。但工业化和城市化改变了我们的轨迹，人类变成了唯一建造不可持续发展栖息地的生物物种。在过去的几十年中，我们集中精力想要重返轨道，创建一些人性化的、可以延续人类生存的场所。

正是得益于这些努力，现在我们的城市规划和城市设计者们终于对“优质城市主义是什么”达成了一个共识[1]：是关于由活力场所串联而成的高品质城市空间网络。换个角度说，城市应由许多功能混合的中心（大型枢纽和小型节点）组成，各中心之间的联系依靠公共交通走廊、机动车道路、自行车道以及其他适宜步行的高品质公共空间[2]等。这些公共空间包括有：以交通、休闲或自然景观保护为目的的户外场所，文化馆和集会空间等室内场所。[3]优质城市主义尊重过去，它提倡保护历史肌理和改造再利用历史建筑；优质城市主义也景仰未来，它提倡对新建筑、公共艺术以及其他方面的创新。优质城市主义提倡社区的住房类型应丰富多元，为不同类型的家庭和不同收入的住户提供选择性，同时让居民积极参与社区的未来发展与管理。优质城市主义的关键在于“连接体”，即基础设施、公共空间和社区参与。基础设施与公共空间需要相互结合，无论是以功能性或娱乐性为出发点，两者都应是多用途、技术先进、且能与自然和周围环境和谐共处的。[4]尽管组建社区和社

[1] 由泽内普·托克和亨利克·密那西安斯（2011）展开的研究得出了类似的结论。

[2] 较早的版本包括埃比尼泽·霍华德的“田园城市”，克拉伦斯·佩里的“社区单元”，刘易斯·芒福德的“蜂窝城市”，“行人的口袋”（科尔包夫 1996）和“以公交为导向的开发”等理论。

[3] 雷·奥尔登堡将这些非正式的公共集会空间描述为住所和工作场所以外的“第三场所”（2007）。

[4] 见莫里什和布朗（1993），贝利斯贝提亚和波拉克（1999）。

区参与可以通过城市机构、社区小组或商业团队主办活动而实现[1]，但在优质城市空间中，社区参与会自然而然地发生。总之，优质城市主义是富有生气的、活力的、安全的、舒适的、清晰明了的、可达性高的、公平的、高效的、优雅的、便捷的、适宜步行的、可持续的、美丽的、有特色的和动态变化的。[2]

尽管可以无止境地修改表述，但大部分的建议基本都会汇集到上述这些词汇上。我们了解了优质城市主义的组成元素，也有意愿、方法和资源去实现它们，但事实上这些方法和资源仍相对匮乏且充满挑战。能体现优质城市主义的案例还只是凤毛麟角，因此更需要我们持续不断地研究“药方”去治疗病态的地方场所。

我们知道自己想去哪里，却无法保证可以到达。为何不行呢？[3]20 世纪集约化的劳动分工影响了城市环境，我们已经很难挖掘对生活场所不满的根源从而去根治它们。例如，当我们在找寻地方本源和个性时发现，通常来自另一个城市甚至另一个国家的商标统治了这个地区；当我们在搜寻特色和身份时发现，“明星建筑师”或许被委以重任，但他们通常不会考虑为大众服务；当我们在搜寻活力性时发现，供应熟食的“生活中心”空降到未开发的土地上；土地持有者的会议只讨论土地买卖而不是获取反馈意见等等。

当我们遗失了罗盘之后，改善自身所处环境对人们来说似乎越来越遥不可及。于是，许许多多的优秀方案从未得到实施，或不幸地被妥协，而许多劣质的方案却成为现实。结果是那些宝贵的（人力、资金、政治和环境上的）资源被白白浪费，而我们的城镇、城市和地区却只能承受这些后果。

我们在一定程度上埋没了自己的创造本能，其实我们本具有能力创造全力供养我们的生活环境和那些或许能让我们茁壮成长的地方场所。这本书质问到底什么已经遗失了，并且描绘了一条道路能够挖掘已被埋没的场所特质、为其拭尘、让它重新作用于今天的城市建设。[4]

任何人，当然更包括城市主义的专业人员——规划师、城市设计师、建筑师和景观建筑师，都能轻松地步入这条道路。踏上这条道路的唯一先决条件是，愿意让它带领我们前往从未到过的地方。换句话说，优质城市主义的先决条件是了解什么是我们所不了解的。城市主义专业人员的工作包括引导

---

[1] 例如，大众集团赞助了“有趣理论”（http://thefuntheory.com/）：“专注于把事物变得有趣简单是最容易改善人们行为的方法。”

[2] 扬·盖尔（2010，2011）对城市设计这方面的工作作了很多贡献。就设计总体而言，《大都会》杂志推出了“针对 21 世纪早期在经济、生态和政治气候中的困难而提出的十项评估设计讨论的标准”（霍尔 2009），主张“优秀的设计”是可持续的、可达的、功能性的、做工考究的、能情感共鸣的、持久的、对社会有益的、美丽的、人性化的和经济实惠的。

[3] 布伦达·希尔用以下方式提出了问题，其中的“我们”专指城市设计师们：“我们知道如何去设计城市……所以我们会为一个 50 英亩的体现新城市主义的项目而欢呼喝彩，尽管有几千英亩的新开发是马路商业、加油站、公寓、办公园区、地块划分和大盒子商场。多功能影院、会议中心、足球场、机场和购物中心都拒绝听取好的城市设计理念……到底什么是我们所不了解的在干扰着我们改变这些普遍的建设现象？”（希尔 2010，1）

[4] 这个对优质城市主义的探究响应了现代艺术博物馆在 1950 年代和 20 世纪 60 年代展出的名为“什么是优秀的设计？”的四个系列展览，以及 2011 年的追忆展览“什么曾是优秀的设计？ 1944-1956。”

人们走向这条道路，并在沿途给予协助。

第二章——“城市的迫切需求”，通过描绘沿途的六个阶段清理出了前往这个全新领域的道路。第三章——“城市主义之‘道’”，解释如何通过个人憧憬和集体憧憬去界定地方场所的优势，挖掘地方潜在的可能性。第四章——“联合创造”,更进一步深入挖掘集思广益的力量和地方前景的可能性。第五章——“顺势利导”,描述个人、集体在为地方做憧憬时如何打磨“璞玉”,如何通过城市“针灸”法、城市主义的五项内在品质，以及向生态系统学习，去打造改善场所的提案。

第六章——“城市主义之艺术”，为如何使用这条道路的六个阶段制定了一套便捷的指引，也针对如何高效地进行方案沟通和回归城市本性提出建议。第七章——“城市主义之升华”，勾勒当下的趋势，即超越可持续，迈向繁荣。第八章——“城市主义之侧步”阐释这条新道路既非自上而下也非自下而上，而是侧步而行。第九章——“结论”，综述一个优秀的城市主义者应尽的义务。

第三章到第六章结尾的案例研究主要取材于美国，它们从不同角度展示优质城市主义在现实中的实践。通过向这些案例及其他实践学习，本书创造出能企及最佳可能性并可付诸实践的道路，同时对沿途可能出现的盲点和陷阱指路引航；对提升场所和社区的健康和品质作出指引、鼓励和启发；本书还通过引荐一些规划和城市设计必备的方法，希望有助于相关专业更有效地实现目标。

在下面“Good Urbanism”（优质城市主义）这个艺术字体中包含了一对眼睛，意在唤醒对这条道路起着关键作用的两个愿景：在认清现状和过去的同时，憧憬更好的未来。这个眨眼的图示是要提醒规划师、城市设计师、建筑师和景观设计师们，优质城市主义是我们努力的方向，并非结党营私、争夺理论界霸主地位的工具。这个眨眼的图示也包含了日语中作为力量与优雅的一个象征符号“enso”，体现在“good”这个词中。在禅道中，“enso”表示当下心无杂念，任由身体和感官去迎合、体会这个尚不完美也不完整的世界。这个好似孩童绘写的“good”恰如其分地传达了这条道路内在的简约性与真实性。

Good Urbanism

第二章　城市的迫切需求：一条通往繁荣的道路

当我们谈起某个场所时，往往会用感情色彩强烈的词汇去形容它们，以表达我们对某个城市、某个社区、某栋房子或其他建筑的“喜爱”或“厌恶”。而我们把这些词汇用在场所上远远多过于用在人身上。因为道理很简单，我们喜爱的地方供养着我们，而我们讨厌的地方则约束着我们。

是什么让我们“爱”上一个地方[1]？通常是那个地方让我们产生了共鸣，或许是我们能在那里感受到自我，或是在那里能与他人、场所、自然、神明、过去或未来产生联系，当我们意识到这些联系时，我们顿时对意义、和谐、目的、兴趣、兴奋、特殊性、动感、安全感、保障性、文明、互尊互敬、生命的丰盛等这些词有了觉悟。我们通常用“真实”或“真诚”来形容这些场所。若我们与一个场所之间的联系少一分，则意味着我们对它的喜爱少一分。

优质城市主义提倡通过加强这些联系，让我们的场所变得更加宜居和可爱。[2]我们已不再需要更多清单去罗列优质场所的组成要素，需要的乃是丰富的想象力去憧憬某个场所的最大潜能，从而加强这些联系；还需要知道在酝酿优秀创意去创造宜居、可爱场所的同时，如何集结资源去实现它们。

通过系统学习心理学、实际应用哲学、务实理论和传统智慧，我从实践案例中悟出了一条重启城市本能去改善城市环境的道路。我将这条道路称为“通往繁荣的道路”，它由六个步骤组成：憧憬、打磨、提案、样本、宣传和呈现（图 2.1）。

这条道路的第一步是憧憬——挖掘被埋藏的“宝石”。憧憬的过程包括聆听自己的内心，与他人交谈，以及与场所“交流”。聆听自己，或“个人憧憬”，始于对某一特定项目的自我思考，并通过文字和图片表达初步想法。[3]这一

[1] 喜爱一个场所被描述为“地域偏好”（巴什拉 1994，端 1990）

[2] 对于创造场所，其目标不仅要宜居，也要可爱，这在艾琳 2009，2010a 和 2012 的书中已经提到过。史蒂芬·穆宗类似地提出了可爱建筑的重要性。见 http://www.originalgreen.org/foundations/lovable/.

[3] 约翰·福雷斯特（1989）在说到从对话中产生的知识和“自我反省”的重要性时提到了这点。

步可以发现或许被忽视的重要直觉，我们通过尊重个人的观点和直觉，有助于洞察任何可能产生的偏见和动机。[1] 个人憧憬是最基本的，因为如果个人内心的声音没有被觉察到，它就有可能变成很大声以至于听不到别人的声音或忽视重要的研究发现。若不试图去控制，即使是出于最佳的意图，也会很难让别人参与进来。

正如空服员会建议我们在确保自己已经戴上氧气面罩后再帮助别人一样，我们先去聆听自己的内心，这对接受他人的想法是很重要的。同样，认识到自己的强项并发展它，对于帮助别人发展他们的强项也能起到帮助。若想让我们的居所充满活力，我们自己必须先呼吸顺畅。

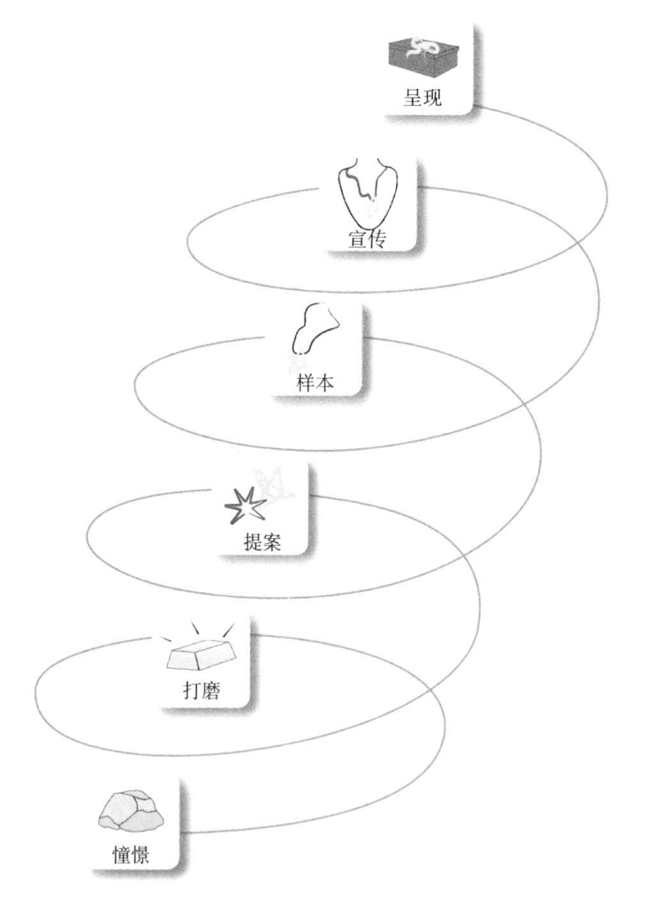

图2.1　通往繁荣的道路：憧憬→打磨→提案→样本→宣传→呈现

[1] 这一步能更正我们清除个人足迹和偏好的趋势。莱奥尼·桑得考克（2003，200）对规划专业的学生描述这个趋势时说：“无论任何性别、国籍、等级、种族或性取向的学生们的目标似乎都是单向的学习技术和知识；因为他们学习的首要任务是变成一个专家，他们的其他特征都要为此让步。”

一旦个人的“宝石”被挖掘出来后,就可以开始下一步——“集体憧憬”，这需要大家共同分享和“打磨”各自的“宝石”[1]。在此同时开展“场所憧憬”,即通过观察和有效的公众参与从场所中挖掘“宝石”,随后展开关于历史、法制和经济条件、最佳实践、场地情况等的研究。这三类憧憬都是为“打磨”做铺垫（图 2.2）。

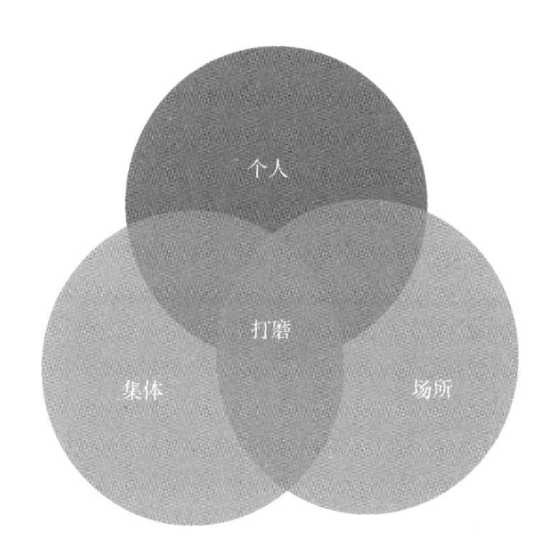

图2.2　三类憧憬

接下来是想象最佳可能性并提出方案和策略,将“宝石”雕琢成“珠宝”，为场所添加经济、社会、美学和环境等方面的价值。这时候，提案可以进行样本测试以获取反馈意见。再然后，将在更大的公众平台上做宣传，以获取更多的意见和支持。若开展顺利，那么这些步骤能召集实施这个项目全程所需要的资源。

最后，项目会呈现给值得信任、能一步一步去实现愿景的合作伙伴们，而项目本身作为最初的投资项目将可能促动其他项目的接踵而至。无论是大如山丘（对某个场所有决定性的影响）还是小如卵石（影响甚微）般四处散落的“珠宝”，都将美化和丰富这些场所和社区。通往繁荣的这条道路将点燃创意的火花，让场所变得更加生动和真实，让那些长期贡献于维护和改善这些场所的社区民众为其感到骄傲。

通往繁荣的这条道路为“设计过程”提供了一种方法，这种方法在不同项目中可以灵活调节。对于一项已经处于提案或更后期阶段但停滞不前的方

---

[1] 关于公众参与的文献很多；例如，可参见法嘎 2006，喜力 2006 以及其他。

案，重新下沉到憧憬阶段再回旋上升去激励项目就很有必要。在有些案例中，宣传推广可能以概念方案征集的形式在“集体憧憬”阶段就已经开始；或者有些案例在宣传推广以后才是样本阶段。在这条道路的不同阶段，项目应针对侧重点做相应的调整。总体而言，这六个步骤作为启发性的工具，在每个项目中都可被校正和个性化使用。

专栏 2.1 创造繁荣场所的六个步骤

通往繁荣的这条道路作为一种针对“设计过程”的方法,可以根据每个案例的情况做相应的调整。踏上这条道路只有一个必要条件，即乐于向自己、他人和场所学习。在迈出每一步时，我们都会提出问题。

憧憬

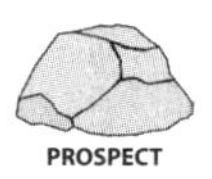

1.个人憧憬——我在这个地方看到、听到、闻到、尝到、感觉到、记起或想到什么?我感觉这里将会发生什么?

2.集思广益——问其他人:你喜欢这个场所什么或认为它的价值在哪里?你想看到它如何变化?

3.场所交流——与这个地方相关的历史、地质、地理、政策、经济和社会文化是什么?

打磨

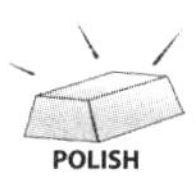

将三类憧憬整合，提问:这个场所的强项是什么以及我将如何与他人合作共同去优化这些强项?

提案

我们在这里想要实现什么以及如何让它发生?（优化方案、设计或策略）

样本

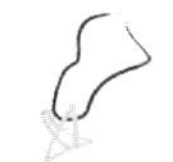

我们如何展示提案以将理念淋漓尽致地与他人共享，并可测试、改进它?

宣传

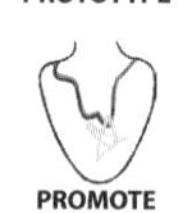

让更多人知道提案并给予反馈意见和支持的最佳方法是什么?

呈现

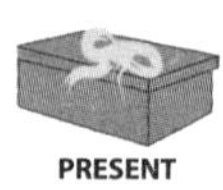

谁是这个项目最可能的管理者以及我们如何成功地将接力棒转交给他?

第三章 | 城市主义之“道”：挖掘潜在的价值

“那些在城市建立之初的丰富想象仍能被找回。它们总是根深蒂固地与我们同在，且准备随时绽放——只要我们从已有的那些用灵魂在歌唱着的事物着手，而不是从需要被改变、移动、创建或拆除的‘问题’开始。”

——詹姆士·希尔曼（2006，18）

工匠、艺术家、设计师、编舞家和其他类型的创作者们用手上的资源（如材料、舞者、金钱、土地和其他既有资源等）去创作。如果他们将时间和精力花费在怨叹他们所缺少的事物上，那么估计永远不会对这个世界做出贡献。同样道理，如果我们着手于自己的强项而不是缺陷，那么我们的强项将变得更加强大。有些美国原住民认为这些内在的强项是“原始药材”，它们赋予了我们独特的个人力量去最好地服务这个世界[1]。起源于中国公元前五世纪的道家思想认为，意识到并坚信我们的内在会让我们做最好的自己且避免受他人左右。上述这些和其他智慧结晶，都提倡尊重资源的真实性和创新性。

与此类似，当我们在界定一个场所的价值时，会涌现太多的数据（设想的或已有的）。因此，当我们在考虑怎样最好地去改善我们的居住场所时，何不关注那些我们认为是有价值的，而非那些无法容忍的事物上呢？何不花时间在那些有用的事物上，而不是哀怨那些没用的事物上呢？何不挖掘我们所欣赏的事物，并在整个过程中逐步培养起对它们的感激呢？我们的目的不是寻找错误，而是挖掘内在美。就像嗅寻松露一样，搜寻美食以供食客们来享用。

在多数情况下，问题的确能促使我们去解决矛盾和做出改变。然而，这

[1] 根据人类学家安吉拉斯·阿利恩（1993）所述。

条通往繁荣的道路并非笔直地通向解决问题的出口，它拒绝了一开始时就简单地大跨一步的诱惑，而是尽可能地去憧憬和收集项目的优势。正是这一侧步，让原本被视作障碍的废弃高架铁路变成了知名的纽约高线公园（详见本章稍后的高线公园案例研究）；在凤凰城区域，产生了一个利用大运河系统沿水布置城市活力中心的提案（详见本章稍后的运河景观案例研究）；在明尼阿波利斯，通过对棕地改造再利用，将原本孤立的棒球场公园变成了一个集娱乐、公交和清洁能源为一体的城市社区（详见第六章的地表工程案例研究）。

在个人憧憬、集体憧憬和场所憧憬，以及为未来编织“希望故事”的过程中（克瑞特斯曼和麦克奈特 1993），我们能重新认识到曾经走过的错路和当下“因个人情感左右”所造成的规划问题（桑得考克 2003，163）。由于我们的生存规则天性自然地检视着一切对我们健康有害的事物，所以表达内心的不满很重要。与他人分享这些能有助于更快地解决矛盾、消除无视、帮助原谅错误和释怀无法挽救的过失。集体憧憬还能帮助我们避免再走曾经走过的错路，能优化解决方案，甚至还能将我们最大的问题转变成最优的出路。

提出这些观点是必要的，但一旦充分意识到它们之后，将注意力转回到我们认为有价值和想要的事物上也同样重要。若建立于需求和不足之上，希望、信心与斗志将被渐渐残蚀，让人变得意志消沉和感觉无助。缺乏精神支柱将导致焦虑、甚至恐惧与消极，从而引发负面竞争及遏制创新性的问题解决方案的产生，长此以往可能最终使人变得麻木[1]。人们可能相互指责对骂，甚至可能演变为党派之争，一心只想要战胜对方和推卸己方之责。指责对方或许能推卸自己承担错误或做出行动的责任，但那些将矛头指向他人，或拒绝面对问题和采取主动的人也将失去他们的权力。很显然，这截然不同于那些积极的、毫无畏惧被排挤或被报复而公开争论过去的错误和当下的差异的讨论。建立于需求和不足之上的做法及其参与者的行为，不是一条通往健康丰盛、能让人人过上更好生活的道路。

反过来说，专注于优势的做法将驱使动力螺旋上升。我们集体憧憬的产物——“原始药材”有助于治疗场所，它类似于“salutogenesis”——一项通过“关注有助于人类健康和养生的因素，而非引起疾病的因素”的治疗方法（斯

---

[1] 约翰·麦克奈特和彼得·布洛克解释说：“思维稀缺及其后果——竞争，导致了政治效应。我们变得更随意地放弃自主权。我们对内在和身边的自然优势仍然一无所知。我们和邻居失去了联系，也不再聚会。”（麦克奈特和布洛克 2010，110）

卡尔梅尔 2007，469）。重视已经存在的优势能让我们受益，而仅仅埋怨那些不足则会让我们受损。因此，虽然“批判性地思考”是一项重要的技能，但它必须有“欣赏性地思考”做陪伴[1]。批判性思考对于主动性格的人较有效，但长此以往也会打击其积极性。但是如果将注意力转移到寻找优势上时，这些优势就会随之倍增。

总之，聚焦于我们缺乏的或不想要的事物上只会恶化问题本身或将问题推到其他地方而已，这样做不但无法创造繁荣的前景，反而会腐蚀它。用举例来说明，如果一个讨论开始于缺乏安全保障，设置防盗门或许就是其解决办法，但这样做只会引起更多的恐惧和更谨慎的自我防备等类似情况。然而换个角度来说，聚焦于有价值的事物上时，我们就可以凭借优势而顺势上升。就安全保障这个例子来说，若将讨论转移到人文和场所上，那么随着场所关系的建立，危险指数自然而然就会降低；如果它确实上升了，那么或许可以用街道巡查、社区警卫或其他形式的自然监察来作为解决方法，也就是简·雅各布斯提出的“街道眼”，被她形容为“一个错综复杂的、几乎是无意识的网络，由人们之间自发形成的约束和标准所构成，并由人们自发执行”（雅各布斯 1961，40）。

在集体憧憬和场所憧憬的过程中，我们通过挖掘“当地知识”——一个由人类学家克利福德·吉特斯所提出的名词，能够发现社区的价值（吉特斯 1995）。只要通过咨询“当地专家”，即那些居住或工作在此的人们，就可以轻易获取“当地知识”。在建筑师为客户工作的案例中，诺曼·温斯坦（2009a）建议说：“劝说固然是建筑交流的一个重要组成部分，但一切都始于开门迎客”，即邀请客户敞开讨论以了解他们的需求和期待。对于社区或城市尺度上的项目，集体憧憬和场所憧憬应从最基层的民众开始，挖掘当地特质以发现整体的“场所精神”——一种自远古时代就已被意识到的超脱于环境表象的东西（诺伯格 - 舒尔茨 1980）。

一旦这些“宝石”得到汇总，我们就可以对它们进行打磨并就每个不同情况去塑造独特而适宜的提案。正如巴西库里提巴市的前任市长海梅·勒纳宣称的那样：“每个伟大的城市都有一项使命”（瑞及内斯和托乐 13 2009）。瑞及内斯和托乐 13（2009）的城市设计小组解释说：“一项使命即是一个社区

[1] 欣赏性地提问这个方法为组织管理而开发，“它能够发现当一个生态系统最有活力，最高效和在经济、生态和对人类最有益的情况下，是什么给予了其‘生命’。该方法涉及通过提问的艺术和实践加强对一个系统的理解、预测和提高积极潜能的能力……它在做每件事时有意地去寻找“积极变化的核心”——并且它假设每一个生态系统都具有许多未被开启的、丰富的和有启发性的积极因素。将这个核心的能量直接联系到从未被认为可能的变化时，能够立即激起反馈。”（伯瑞德和惠特尼 2005）。欣赏性地提问为组织管理采用了“4-D”循环，即发现（Discover）、梦想（Dream）、设计（Design）和送达（Deliver）。理查德·希尔有一个很好的关于欣赏性地提问的总结，见 http://www.new-paradiam.co.uk/introduction_to_ai.htm.

图3.1 PEA：保护（protect）、强化（enhance）和增加（add）

被要求去做的重要工作，其服务的对象超越其本身。那正是社区将成为的样子，要突破它当下的能力范围去做的事情。”集体憧憬和场所憧憬可以开启这项重要工作，释放社区的潜能[1]。

优质城市主义主张寻找当地的优势，并通过它们去发掘一个场所的使命和塑造提案。这些优势可能涉及自然景观、建筑、遗迹、公共艺术、社区、商业、文化院校、人文精神和伟人等。正确认识既有的优势和能力将对整个过程产生影响，它将坚定不移地引导人们思考如何通过小的改变带来大的改善。只有通过界定和保护那些有价值的，优化那些尚不完善的，我们才能知道哪些是缺失的以及哪些是可以添加的。优质城市主义主张保留有价值的建筑、社区和自然景观；收复、修复、重塑或翻新那些差强人意的；然后增添新的元素——这些都能通过有效的社区参与实现。我们可以用PEA[保护（protect）、强化（enhance）和增加（add）（图3.1）]这个词来帮助记住这项方法。

在城市改造中，我们常常逆向而行，首先考虑要增加什么。一个多世纪以来，许多城市设计项目甚至选择从一张“白纸”开始，在一片空白的（或更精确来讲是“被擦过的”）且往往是未开垦过的处女地上展开总体规划，或者抹掉那些已经在那里的旧物。这些做法或许可以成功地增添一些被呼吁的新元素，然而同时也会付出代价——丢掉原本有价值的事物[2]。

优质城市主义不会忽视、摒弃或擦除我们城市的足迹，而是从场所的内在——受其基因的启发而推进发展[3]。从一张有图案的画纸开始的过程可以激发独特而有意义的表达，因为当人们被邀请分享那些他们认为有价值的事物时，会变得很主动和有想法。同时，这个过程会培养相互信任和尊敬，让许多利益相关者随同组织者学习和共同参与，双方共同创造既不分歧、也不仅仅代表最基本共识的提案，将会产生整体力量超过所有个体相加总和的效果。在多方领域的投入参与下，就有了实现愿景的支柱和资源，而一个可自我调节的反馈系统基础也由此成立[4]。

[1] 设计师吉姆·福涅尔在形容打磨和憧憬的过程时说：“感觉就好像在发掘一个已经潜藏在那里、等待被挖出、然后会盛开的解决方案。这完全是一种谦逊和敬畏的体验，而不是拼智慧和控制的过程”（福涅尔 1999）。

[2] 威廉·麦克唐纳和迈克尔·布劳加特推出了一个类似的方程式，建议我们从有价值的事物开始（询问什么是我们认为宝贵的），然后转移到原则（他们的 hannover 原则），再然后是树立目标、策略、技术和标准。然而，大部分的实践都是反过来的，它们从标准开始，然后提出技术、策略和目标，但从来不会到原则和价值这一步（麦克唐纳和布劳加特 2003，麦克唐纳 2011）。

[3] 自1987年以来每两年颁发一次的鲁迪·布鲁纳城市卓越奖已经授予了许多美国这样的项目以奖项：“它们通过转变过程而生——一些旧事物的更新过程，或者创造一些新事物去响应过去的城市生活……一个卓越城市场所的创造过程、场所和价值之间应当是相互作用的。”（鲁迪·布鲁纳基金组织 2011）。

[4] 在信任基础上建立关系的过程，能够推动项目发展去造福所有人（伯特 2005，福山 1995，普特南 2000，布劳克南和萨维奇 2008）。

除了既有的事物以外，这个 PEA 过程同样涉及那些缺失的事物，但由于它们的出现不是在启程的那一刻，因此就变成了机会。创意城市运动的主要发起者查尔斯·兰德里将这个过程描述为"创意规划"，他解释说："在文化资源理念和完整主义看来，任何一个问题都只是机遇的伪装，任何一项缺点都有潜在的长处，甚至那些看起来"隐形的"事物可能变得很积极"（兰德里 2006，10-11）。

因此，这个过程能从已存在的挑战中找到有价值的核心。例如，针对涂鸦的"问题"，让年轻人参与到变化的"艺术墙"创作中，让"捣蛋鬼们"变成崭露头角的艺术家为城市美化做贡献❶；城市的"贫民窟"能转变成部分居住功能和部分唤起回忆的"遗址"场所❷；曾经的城市核心区中的许多荒废地能变成生产性绿地❸；抵押还债的地产（红地）能变成"绿地"；雨水能转变成绿色基础设施（见第五章的阿肯色斯社区设计中心）；一个沙漠城市拥有太多日照的"问题"可能是它成为引领全球太阳能发展的机会；或者，一个地区的缺水"问题"可能是它发明创新节水管理策略的机会；人与人之间的差异，与其说是"社会问题"，不如说是相互学习、创新和合作的机会。我们用城市炼金术，齐心协力地把这些在通往繁荣的道路上捡拾的"矿石"冶炼成金。

具体说到城市设计实践，建筑师莫森·莫斯塔法伊（2010，3）发表了这样一种看法："我们需要将地球和其资源的脆弱性视为设计创新的机会……久而久之，我们城市和地区所面临的问题将变成开辟新途径的机会。城市要改变现状，就需要一些脆弱性来刺激。"建筑师兼规划师身份的布伦达·希尔（2010，112）表达了同样的观点："想象是关键……或许这是城市设计最重要的任务——不要拆旧建新，而要基于当下创造一个不同的未来。"

位于加州的邦奇设计公司通过"树人"的提案（图 3.2）生动地阐释了"满画布"的敏感性。与通常的开发案例相反，这个提案将人类居住地置于现状自然环境中，因此开发不遵循"工程师的标尺"而是"受土地的引导"（桑迪斯和世来 2011）。

关注潜能而非问题，可以减少重蹈覆辙的可能，并且可以把浪费在哀悼、恸哭、埋怨或躲避的力气转移到对未来有积极影响的事物上。从优势而非缺

---

❶ 位于加拿大维多利亚式的"坚石基金会"正是以这个目的创立了轨道沿线艺术馆。

❷ 底特律联合设计中心已经对此做了批准。

❸ 安德烈·维尔容和卡特琳·博恩提出"连续的生产性城市景观"（CPUL），将多功能的开放空间系统穿插在城市中，其中包括城市农业和一些其他的生产用途，能够辅助和支持建成环境（维尔容 2005）。

图3.2 邦奇设计公司的“树人”的提案
（图片提供：桑迪斯和世来）

陷着手，可以影响深远地鼓励潜能的发展并且鼓舞个人和群体的信心和士气。将稀缺性理解为一种变相的充裕性，就能将“零和”的经济视作无限的、将竞争视作多产的合作行为[1]。在这个过程中，一些原本被认为最严重的问题或缺陷可能变成最大的优势；而原本的负面情绪也可能被积极态度所取代。罗伯特·肯尼迪曾经闻名一时地挑起了这一观点，他说：“有些人只看到已有的事物，然后问为什么……而我只想象不曾发生过的事物，然后问为什么不呢？”[2]

在社区发展中，约翰·克里斯曼和约翰·麦克奈特将这种方法称作基于优势的社区开发，他们是这样描述的：“社区更新的关键……是找到所有可以用到的当地资源，最开始将它们以彼此“共荣”的形式联系在一起，同时要约束那些对发展还不能起到帮助的当地制度。”（克里斯曼和麦克奈特 1993）。SOAR 分析——优势（Strengths）、机遇（Opportunities）、愿望（Aspirations）和结果（Results）可以取代流行的 SWOT 分析——优势（Strengths）、弱势（Weaknesses）、机遇（Opportunities ）和威胁（Threats）（斯塔夫罗斯和韩礼

---

❶ 安德烈·爱德华兹以环境可持续性为重点对此做了回应：“从可持续性到繁荣性的转变要求我们扩大想象力并且为我们自己和后代们创造想要的将来。繁荣性关注合作和充裕……它鼓励我们不要把自己从自然界中孤立出来，而要视作是自然的一部分……这个繁荣的态度从稀缺性、损失和波动性转移到了充裕、旺盛和平和。”他提出了 SPIRALS 框架去实现这个目标，即提案必须是可度量的（scalable）、创造场所的（place-making）、跨年龄层的（intergenerational）、有弹性的（resilient）、可达的（accessible）、肯定生命的（life-affirming）以及关注自我的（self-care）（爱德华兹 2010）。

❷ 在这里肯尼迪套用了萧伯纳的“回到玛土撒拉”中的经典台词。

士 2009）以协助这种社区开发方法。

C·奥托·斯科尔梅尔和彼得·布洛克这两位集体学习和改变领域的领袖，不约而同地强调将关注点从问题转移到潜能、从过去转移到未来的重要性。斯科尔梅尔（2007）认为解决问题是针对过去的改进，而挖掘潜能是对未来的关注。布洛克（2008，29）同样写道：“改造社区的背景前提必定来自于潜能、宽容或优势中的某一种，而非来自解决问题、恐惧或报复中的某一种。这个新的背景让我们意识到自己具备能力、专长和资源去创造一个不同的未来。社区是人类通过对话交流构建起关系的系统……仅关注于过去的讨论会成为社区发展的阻碍；畅想潜能与未来的讨论才能改善社区。”布洛克坚信，当我们不去指责他人而是承担起自己的责任，将报复性转为修复性行为时，便会创造新的背景环境。

在修复性实践的应用方面，优质城市主义也可以借鉴一项名为“修复公正”的运动，它在过去几十年中已成功获得了全球认可。“修复公正”不惩罚犯错者，而主要聚焦在对人和人际关系的修复上。这项运动超越了传统的从惩罚到宽容的跨度，将疏忽与修复插入到由沿着支持与控制两条轴线展开

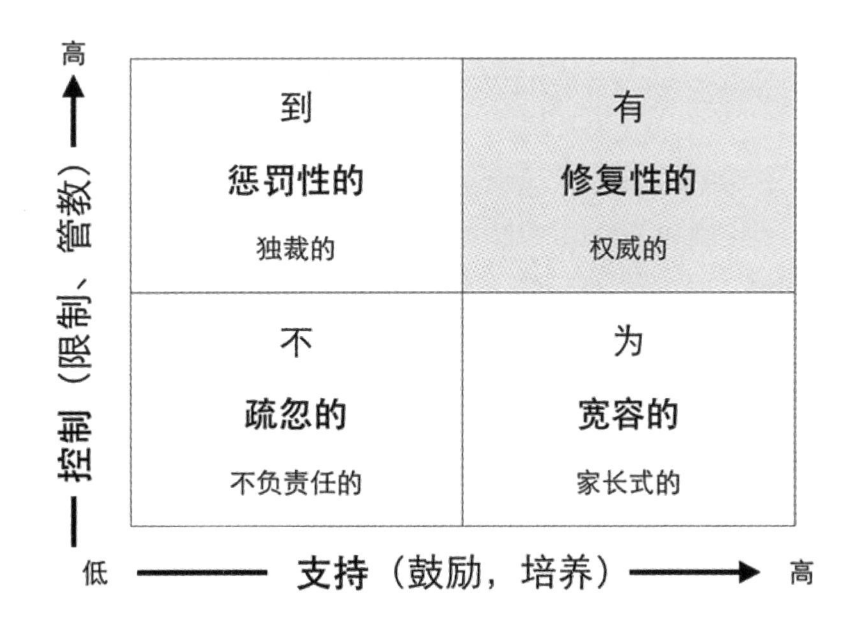

图3.3 修复公正的矩阵图：优质城市主义关注场所的内在价值，正如修复公正运动关注人的内在价值

（图片提供：根据网站http：//www.restorativepractices.org修改）

的坐标图中（见图 3.3）。修复策略在高度控制犯错者的同时也高度支持和肯定犯错者的内在价值。优质城市主义应本着同样的精神，在对地方场所的修复上采用可以提升场所能力的方法。

修复与繁荣是环境保护主义者常常挂在嘴边的两个词。同时身兼环境保护主义者与企业家身份的保罗·霍肯在 1993 年呼吁采用一项名为“修复性经济”的方法来实现繁荣。他解释说，修复性经济建立于生态系统之上并与之共同合作，以修复自然（包括人类）这个至关重要的经济基础资本，并把对自然资源消耗、失业、健康等因素的考虑从短期回报转移到长期回报。霍肯坚持认为：“人类渴望繁荣昌盛……终会拒绝任何阻碍实现这些愿望的保守机制。只有千千万万渴望繁荣的人们通过日积月累地努力才能实现繁荣”（1993，xv）[1]。环境保护主义者比尔·麦克也鼓励人们将从经济利益制胜的“发展”转移到对繁荣的追求，后者的实现依赖于“当地主义”，即生产更多用于当地自耗的能源、食物，以及本地文化娱乐等。他相信通过培养最基本的经济形态，我们可以重新找回失去的邻里关系（麦克 2007，17）。

为了让场所更加“可爱”，换句话说就是让人们在其中感受到更多共鸣与支持，优质城市主义者们将最初的“问题出在哪？”换成了“这个场所有哪些优势以及我们该如何去利用它们？”优质城市主义者们不问“什么是你不想要的”，而去专心聆听“什么是你想要的”。他们由客观中立的专家变成了接收型的参与观察者，学习起当地知识，凭借诚实和真诚建立起信任（关系）。他们好似那些原先遥不可及、一袭白衣的科学家摇身一变，从高不可攀的地位下访到民间社区，在这个过程中和当地人民培养起互敬。当从指责别人变成承担责任、从被动变成主动之后，在追求繁荣的这条道路上，优质城市主义者才能引导人们共同努力去改变环境[2]。

总而言之，优质城市主义主张我们着眼于自身的优点，继而场所能建立在已有的优势之上，从而发挥潜能。它同样要求我们沿途获取那些可能的、有时候甚至不太可能却又不可或缺的支持，以此来集结资源去实现愿景。优质城市主义是高度理性的，它从数据（或优势）中找寻线索，将这些资源联系在一起，通过集体憧憬去影响重要的且正在进行中的改变以增加场所的价值，这也是下一章节所要讲到的重点。

---

[1] 保罗·霍肯，洛文斯艾默里猎人和洛文斯（1999）进一步拓展了这个主题。

[2] 班夫中心领导实验室将这个方法描述为：“设计和领导的基本是主动地创造未来，而不是对现状的回应。”

案例研究：高线公园

地点：纽约市

主要参与者：约书亚·大卫、罗伯特·哈蒙德、凯西·琼斯、詹姆斯·库内尔野外作业、迪勒·斯考菲迪奥 + 伦弗洛、皮特·奥多尔夫、高线之友、纽约市

主题：流、当地、城市中的自然、相互连接的开放空间系统、基础设施的改造再利用、步行可及性、企业创新性、联合团队、与利益相关者联合创造、社区参与、关于城市主义的对话

“底线是这条高线必须被拆掉。”

——纽约市规划委员约瑟夫·罗斯（1999 年）

案例研究由珍妮弗·约翰逊和南·艾琳共同执笔

1999 年的夏天，约书亚·大卫和罗伯特·哈蒙德在关于高线的社区讨论会上第一次碰面。始建于 1930 年代的这条高出地面三十英尺（约十米）的高架铁路，位于下曼哈顿西侧，自 1980 年代就已被弃用。在这次会议上，市长朱利安尼和其他许多人都一致认为高线是社区的一个障碍，要致力于将它拆除。当时有很多业主和开发商在场，他们中的一些人已经花了 20 年时间，在法庭内外抨击高线，称之为“窘困的”和“有害的”（大卫 2002，14）。甚至有个开发商不惜自费三百万美金去反对除了拆除以外的任何其他选项（C·琼斯 2011）。

然而，大卫和哈蒙德却认为高线是“一个无可替代的纽约基础设施”，它坐拥壮丽的哈德森河和纽约天际线景观，有潜力成为一个线型公园来服务整个纽约市。正是由于他们的高瞻远瞩和坚持，引用前城市议员吉福德·希勒（高线之友 2005）的话来说，高线才变成了“我们这一代人的中央公园”，它在风和日丽时，可供五万人尽情享用（希勒 2011）。

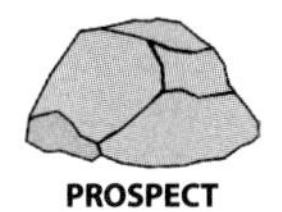

哈蒙德是“公园之友”的第二代（他的父亲成立了圣安东尼奥的公园之友组织），并在普林斯顿获得了历史学学位（希勒 2011）。这位自学成才的画家、曾从事过互联网创业兼艺术机构的组织者，认为高线是一个“能将他的灵感和对于始创的热衷相互碰撞的场所”（希勒 2011）。哈蒙德回忆说：“最令我感兴趣的是它下方的钢筋和网格，然后我又看到了它上面一英里半长的野花带。我喜欢这种硬质与软质、驯服与野生的强烈对比，真的很想要将它保留下来，让它继续自由生长”（哈蒙德 2011）。大卫是一位财富、美食、旅游和休闲等杂志出版社的自由撰稿人，高线的线型本质着实令他痴迷，他说：“在纽约的五个区里，再也没有其他的开放空间或交通廊道能让行人跨越22个街区而不用穿越一条马路，还能在一个高架遗迹上观望哈德森河、中城的摩天大厦，以及下城西岸威武的工业建筑”（大卫 2002，18）。

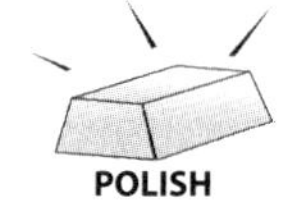

两人都满怀对高线的个人憧憬，于是联手开始了集体憧憬和场所憧憬的旅程。哈蒙德的父母将他们引荐给了中央公园保护组织的创始人伊丽莎白·巴洛·罗杰斯，以及纽约炮台公园保护组织的执行总监华利艾·普莱斯（希勒 2011），普莱斯为实现这个宏图愿景提出了非常重要的见解，同时也对重要利益相关者的参与起了重要作用。罗杰斯发表了一篇关于项目合法性的文章，而普莱斯则访问了巴黎的空中步廊，后来将它作为高线的一个灵感来源，帮助她在纽约市议会前力证了项目的可行性（希勒，2011）。大卫研究了高线的历史和法律方面的问题，然后在经过“五年的集资、许可证申请，甚至和城市的一次法律诉讼案”之后（国家公共电台，2011），最终获得了高线作为临时步道使用的联邦资格证，让政府将废弃的铁道作为步道“储存”起来，以备将来国家之需。

大卫和哈蒙德荣获了公共空间设计基金的一笔赞助，这让他们能够聘请城市主义者凯西·琼斯，展开一项名为“收复高线”的研究“来检测这个历史构筑物的潜能”（高线，2011）。除了巴黎空中步廊外，琼斯还研究了其他一些案例，例如明尼苏达的石拱桥自行车道和步行道等。他同样在纽约市里汲取灵感，分析了洛克菲勒中心和林肯中心，并指出高线与纽约的公园大道[1]一样或许能被冠以“公园”之名——“弃用的铁路廊道可以变成公共空间”（大卫 2002，19）。

---

[1] 公园大道旧称第四大道，是纽约市曼哈顿的一条宽阔的南北向主干道。

琼斯、大卫和哈蒙德盘点了高线的优势，包括其无与伦比的地理位置，以及无论是违章还是通过了含糊的审批过程，它都已经被作为一条人行步道在使用了的事实（大卫 2002，81）。他们也雇用了工程专家确保了铁道的结构稳定性，并调查了改造再利用的相关法律条文和建设资金的可行性。为了让更多的民众参与进来，他们开创了“高线之友”这个非营利组织，很快就吸引了众多领域的人们，其中包括艺术家、专业人员、社区邻里，还有时尚设计师黛安·冯·芙丝汀宝、演员爱德华·诺顿、纽约喷气机队的橄榄球专卖店，以及当时正在寻求如何保留肉包装区历史特征的“拯救甘赛克伍尔特市场”的策划者们。高线之友也获得了当局政治家们的支持，从城市议会成员到国会议员希拉里·罗德姆·克林顿和查克·舒默，以及国家参议院的杰罗尔·德纳德勒等，他们帮助确保了高线获得来自城市和联邦政府的基金支持。

为了获得利益相关者们的支持，高线之友与纽约市议会共同拟定了一项开发转移权法案（TDR），它允许沿线的开发高度可以通过容积率转移以创造天际线的高低起伏，通过增加项目的潜在开发强度去激励利益相关者（C·琼斯 2011）。同时，他们完成了“一个经济可行性研究，表明通过高线项目增加的地产价值而获得的税收，可以很轻松地将其原来的1.5亿美金税收翻一番。（这项税收值现在已经增加到了近5亿美金）”（国家公共电台，2011）。高线之友一共组织了四次讨论会，目的是征集政治家、建筑师以及其他专家们的意见和不同的观点，同时也为了赢取他们的支持。

在2003年,高线之友展开了面向公众的创意竞赛——“设计高线”（http://www.thehighline.org/competition/），收集到了来自36个国家的700多份投稿。其中的数百份在纽约中央车站得到了展出，因而迅速扩大了交流平台。正如琼斯所言：“很多时候，公众只看到一件产品完工时的样子……我们则反其道而行。这样做能与公众分享理念——什么是可以成为的，而不仅仅只是那些已经成为的”（C·琼斯 2011）。

在2004年，高线之友和纽约市联合举办了一次专业设计竞赛。七支团队获得了提名，然后其中的四支进入了决赛。最后参与委托设计的团队包括景观建筑公司——詹姆斯·库内尔野外作业、建筑事务所——迪勒·斯考菲迪奥＋伦弗洛，以及植栽设计师——皮特·奥多尔夫。他们提出了一个“野

图3.4 高线公园，由詹姆斯·库内尔野外作业、建筑事务所迪勒·斯考菲迪奥+伦弗洛和植栽设计师皮特·奥多尔夫设计（图片提供：默瑟县的主园丁）

性景观”的理念，将户外座椅、原有的铁轨以及那观景点和线型公园沿线的设计节点，点缀在已有的景观之中（图 3.4 和图 3.5）。

PROTOTYPE

“市长朱利安尼真的很想要拆除高线”，哈蒙德（2011）回忆道：“这是他在位时手上最后一批法案的其中一个——在他卸任前两天，还在签署拆除法令。”幸而在高线之友的全力拥护下，才阻止了这项拆迁的发生。

2005 年，CSX 交通集团将位于第三十街南侧的高线段捐献给了城市。2006 年，项目开始启动。第一段、第二段和第三段分别于 2009 年、2011 年和 2014 年完工。公园的权属归于纽约市的公园和休闲娱乐部门，而维护工作则由高线之友来完成。

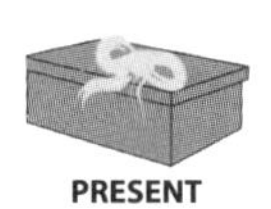

纽约市在高线公园的建设上共花费了 1.15 亿美金，但项目本身创造了 8000 多个建设岗位，在区域内一共提供了 12000 多个工作岗位（麦克基汉 2011）。其结果就是：“由社区层面启动这项运动，将市长的一枚眼中钉变成

了他在任九年中最成功的一个经济开发项目”（麦克基汉 2011）。

通过长达十年的冒险征程，哈蒙德和大卫将“一个光彩夺目的城市设施”（泰勒 2010）以及“这个城市中最令人着迷的公园”（芬恩 2008）呈现给了纽约市。据琼斯猜测：“它为人们提供了感受城市的新空间和新形式——人们能够同时作为观察者和被观察者——在一个非常公共的城市空间中感受自我，这是很有意思的一个碰撞”（琼斯 2011）。琼斯还强调说：“高线，提供了一个美妙的社交渠道……（同时）重建了社区。”

从项目一开始，哈蒙德的主要目之一就是鼓励“由民众开始”，并帮助他们去实现愿景。“不是所有事情都非得自上而下”（哈蒙德 2011）。他解释说：“我们没有计划，没有资金，甚至没有设计方案；我们缺乏这些普遍被认为必须在一开始就具备的东西……但是民众能够提供给你这些东西。你所要做的真的仅仅只是启动它然后喊口号就行了”（哈蒙德 2011）。

图3.5　高线公园的另一景观
（图片提供：默瑟县的主园丁）

案例研究：运河景观

地点：凤凰城大都会区

主要参与者：南·艾琳以及运河景观团队

主题：流、低、城市中的自然、相互连接的开放空间系统、城市和区域的交通网络模型、基础设施的改造再利用、以运河为导向的开发、适宜步行性和适宜骑自行车性、创新企业、企业的创新、联合团队、与利益相关者联手合作、社区参与、关于城市主义的对话

> “想象一下沿着运河漫步或慢跑吧。你不需要避让交通，不会受汽车引擎噪音的干扰，也不必呼吸汽车排放的尾气。取而代之的是，你和其他行人一样沿着岸边欣赏着静静流淌的河水。然后你来到一个集市，你可以停下来喝一杯咖啡，读读当天的报纸，约上朋友吃个午饭，或者逛逛街买点东西。
>
> 这一切听起来像不像做梦？
>
> 这或许不是梦。”
>
> ——莉利亚·门科尼

案例研究由珍妮弗·约翰逊执笔

博客莉利亚·门科尼曾提到将这一美梦照进现实的大凤凰城项目——“运河景观”。自 2009 年起，“运河景观”就致力于将大凤凰城发展成为“一个真正可持续的沙漠城市”（艾琳 2009）。大凤凰城区域内的运河数量超过了阿姆斯特丹和威尼斯的总和，于是“运河景观”设计团队提出通过创造运河与主要街道相汇处的重要城市节点，将凤凰城重新定位为一个举世闻名的运河城市，从而改善这个城市的生活品质。凤凰城将一洗“世界最不可持续发展城市”的恶名，成为一个适宜居住和步行的地方，从现状出发塑造一个富有弹性的未来。

图3.6 二战后的开发背向运河
（图片来源：南·艾琳）

一千多年前，霍霍坎印第安部落仅靠他们的双手和石锄，在这个地区开挖了总长达600多英里的运河，然后这个部落于500多年前消失了。到了19世纪晚期，白种人来到了这里，他们发现并重新建立起了这个运河系统，因此人们的生活再次围绕运河展开。直到20世纪中叶，当空调、郊区开发、基础设施工程，以及缺乏可持续性意识这些因素接踵而至时，运河在区域中地位的“门廊”沦落为“后巷”（图3.6）。

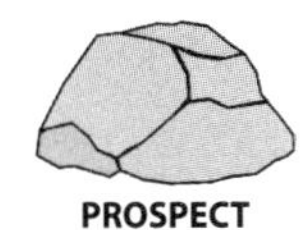

艾琳在为《亚利桑那共和》杂志所撰写的一篇文章中是这样描述她对这个项目的个人憧憬的：“几年前的一个盛夏，我和我的女儿西奥多拉离开闷热干燥、尘土飞扬的凤凰城，启程前往巴黎去庆祝她13岁的生日。这是她第一次去巴黎，而我在20年前曾在那里居住过两年。这一次，我完全被它娴熟的水系给迷住了，这些或天然或人工的水道，交织穿梭在巴黎的城市肌理中，绘成一副织锦，愉悦着人们的眼睛和耳朵。这幅水“织锦”同时提供了许多引人入胜的场所，人们可以在凉爽的水边嬉戏，尤其是在那年突如其来的热浪来袭时。”艾琳意识到凤凰城也一样可以通过开发那些紧邻水系的空地和

图3.7 在亚利桑那州大学市中心校区举办的运河景观研讨会
（图片来源：南·艾琳）

低利用率土地，创造一个举世瞩目的“水织锦”。回到凤凰城后，她研究了过去几十年中无以计数的运河提案，倾听了曾与运河有过美好回忆的人叙述游泳和野餐的故事，并且“开始畅想如何正确地去认识并且在这个古老的人类智慧结晶之上去开发”（艾琳 2008）。

在这篇文章中，艾琳列举了运河景观项目将为区域带来的众多好处。文章收获了热烈反响，推动她进入了项目的集体憧憬阶段，它是多领域交叉、社区主导和充满期望的。22 位来自亚利桑那州大学十个不同学科的学生们参与了运河景观的专题讨论会，此外还有 15 位来自丹佛市科罗拉多大学城市设计专业的学生们在洛瑞·卡塔拉诺教授的领导下参与了项目。

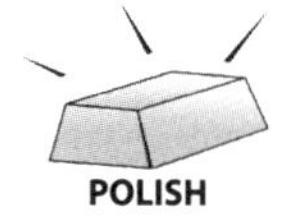

为了开展场所憧憬，艾琳组织了一次运河景观研讨会（图 3.7），会议上专家们做了不同方面的专业汇报，其中包括水政策、土地利用、水文、地产开发以及运河历史。除此之外，艺术家和设计师们也展示了运河沿途已有的公共艺术，并发表了对沿河未来的艺术和城市设计方面的设想。这次研讨会催生了《亚利桑那共和》杂志上的一篇热文，它将运河景观项目描述为“一

图3.8a　位于四十街和范布伦大道交叉口的巨大场地的一部分
（图片来源：谷歌地图）

图3.8b　同一个场地的人视角度
（图片来源：埃德加·卡德纳斯）

个令人惊讶的小方案，却让我们每个人再次直面并有机会重新享用这个沙漠中唯一最有价值的平常之物——我们的流水。”文章对这个机会的评论是:“这几乎是令人震惊的，它是如此夺目且优雅，而都体现在它的简单性之中”（麦凯克伦 2009）。

来自亚利桑那和科罗拉多的两班学生们一起沿着运河仔细勘察了四个重点地区，其中包括一个小型社区、一个中型商业/居住场地、一个大型公建/工业场地以及一个位于空港国际机场以北、将来或许成为城市重要门户的巨大场地（图 3.8a 和图 3.8b）。根据科罗拉多的一个学生大卫·斯普鲁恩特的报告 ，在六英里长的运河边他发现了“超过 60 辆的超市推车、废胎、婴儿推车、一个婴儿床、椅子、床垫，以及几百个空瓶罐；许多房子的背面堆满了垃圾；沿河到处都有隐蔽的和不那么隐蔽的涂鸦和吸毒角落；甚至在风和

图3.9a　第十六街印第安学校路的现状
（图片提供：延斯 · 科尔布）

图3.9b　由延斯 · 科尔布设计的这块场地的运河景观方案

日丽的星期六下午都极少有人走这条路。在三个小时的步行考察中，我们沿路总共才见到了大约 30 个人。”他总结道：“当时这条运河似乎已经丧失了发展的可能性，它无法成为一个能够帮助建立社区和联系邻里的场所，一个可供人们聚会、健身和交流的场所，也无法作为基础设施为城市供水供电。而两所院校合作的主要目的之一就是从这个几乎被遗忘的网络中挖掘潜能”（斯普鲁恩特 2009）。

学生们研究了之前的运河提案和世界上 121 个其他运河城市。他们还调查了居民们对运河的认知和喜好程度，并且开展了一个由政府主持的社区专题半日工作会议。

图3.10　由布拉登·凯、劳里·伦德奎斯特和马克斯韦尔·奥黛丽设计的悬浮公园
（图片提供：凯、伦德奎斯特和奥黛丽）

然后学生们介绍了一系列的规划、政策和对实施的设计建议（运河景观2009b），其中包括以运河为导向的开发（COD）、可持续性导则、公共艺术、城市农业，以及替选能源等。他们还绘制了许多前后对比效果图以向公众展示运河的巨大潜能（图3.9a和图3.9b）。

布拉登·凯是一位可持续研究专业的在读博士生，他与艺术家劳里·伦德奎斯特，以及建筑系学生马克斯韦尔·奥黛丽共同构想了悬浮公园方案。这个方案用视觉艺术和表演艺术活跃运河，同时可以为当地的餐馆供应农产品（图3.10）。

为了扩大对话平台，专题研讨会创办了网站（http://www.canalscape.org），公众可以通过网站上传反馈意见。美国建筑师协会的大凤凰城分支机构赞助举办了一次运河景观设计竞赛，然后《亚利桑那共和》杂志详细介绍了其中的五个提交方案（运河景观 2009）。运河景观团队将他们自己的方案汇同这次竞赛的方案一起先后在亚利桑那州大学的艺术博物馆、凤凰城的市政厅、斯科茨代尔市民中心以及社区大学中展出。团队还制作了一本宣传册分发给几百个人，并上传至网站共享（http://canalscape.org/exhibit-publication/publication/）。在给当地社区介绍运河景观项目时，艾琳总会这样说："我们拥有一个相当庞大却尚未被开发的资源，它将可能推动大凤凰城迈入最可持续城市的排名。运河系统已经作为我们的生命之血存在良久，而它也可以是我们实现真正可持续的沙漠城市主义的救命良药。我们若想阻止单调的郊区化城市开发和环境恶化，那就必须刻不容缓地抓住当下这个机会”（艾琳 2009）。

为了征集“联合创作伙伴”，运河景观团队将橄榄枝伸向了城市设计师、商业家、政治家、历史保护学家、博物馆讲解员、在校学生以及世界环境保护主义者等各类人群。用门科尼（2009）的话来形容就是：“这个城市中的每一个人”。正如凯（2011）解释的那样，“这是一个搜集并优化想法，然后任其自由生长，看它最后成为什么样形态的过程；是一项将规划师、开发商和城市开发项目吸引到这个想法上来的活动。”

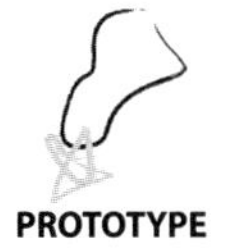

在这个项目众多的支持者中，最令人意外的或许当属由（拥有运河所有权的）联邦政府特许管理运河的当地市政机构——“盐水河项目（SRP）”。SRP 曾设想给运河浇上混凝土表皮：“对 SRP 来说，效率和设施是最关键的两个词，因其职责就是向区域传输用水。在 SRP 工作的人员除了科学家就是工程师，没有艺术家或远景规划师”（麦凯克伦 2009）。运河景观团队许诺不在其红线范围内进行任何开发，于是解除了 SRP 最大的顾虑。同时由于项目引发了众多的社区居民关注，因此 SRP 最终站在了运河景观团队这边，帮助了项目的出版发行，还成为展会的赞助商之一。塞缪尔·费尔德曼是项目团队的一位成员，现担任凤凰城的社区与经济发展部门的项目分析师，他解释说：“说到底，运河里的水是我们的饮用水，SRP 不希望任何东西或任何人触碰运河”（费尔德曼 2011）。对于 SRP 的最后支持，费尔德曼注释说：“他们一开始是强烈反对的，但最后竟然成了一个主要的合作伙伴。没人预料能有这样的结果”（费尔德曼 2011）。

运河景观项目现在正处于样本和呈现阶段。运河景观团队制定了愿景并且分享给了其他合作伙伴，他们的工作获得了后来项目的“领养人”兼管理者峡谷先锋协会的高度认可，后者是负责坦佩城湖的社区领导机构。该机构的主席杰伊·希克斯说：“峡谷先锋承诺将运河从人们的眼中钉变成人见人爱的场所”（希尔 2010）。峡谷先锋在选择适合作为运河景观的样本场地时，市政府也在同时思考以运河为导向的开发（COD）的实施方法，而区域内许

多业主和开发商们也在各自探索各式各样的运河景观发展机会。

如果这些工作获得成效，那么凤凰城将变成一个著名的运河城市。费尔德曼（2011）在参与项目时发表了这样的感想：“我们拥有这么棒的资产……这个非常古老的基础设施。当我在想如何在沙漠中实现居住的可持续性时，意识到其实我们已经拥有了所需要的一切，那就是运河。”费尔德曼（2009）坚信：“我们可以将运河带回到我们的生活中，重新享受水的乐趣。如果能从卧室、办公室或咖啡店看到运河，那么就会时刻提醒我们与水之间的联系。将来我们一定会看到，尽管现在看来还稀缺，但其实我们已经拥有富足。”

第四章 | 联合创造：从自我主义到生态系统

"只有当人人参与城市创造时，城市才能服务于人人。"

——简·雅各布斯（1961，238）

"闭门造车毫无前途可言——交流与合作才是关键。合作不仅能让价值倍增，也能吸引更多的新成员加入进来。根据我们所谓的'丰盛原理'……大规模经济摆脱不了'增值回报原理'。"

——查尔斯·兰德里（2000，33–34）

一旦人文和场所的"宝石"被挖掘出来之后，将它们打磨成珠宝的最有效途径便是联合创造。优质城市主义诚邀其他人共同参与，当他们来到时盛情迎接并将他们视为真正的合作伙伴（图 4.1）。按照海梅·勒纳（2010，191）的话说："城市是大家共同的梦境，构筑这个梦境非常重要。这个造梦的过程正是了解和诚邀来自四面八方不同人群梦想的过程，他们包括城市管理者、居民、规划师、政治家、商人和其他市民……这个梦境越是包罗万象，则会有越来越多的优秀实践出现。"

优质城市主义强调人人参与，无论其在种族、年龄、收入或职业等各方面的差异。专家和艺术家工作时喜欢与世隔绝，而优质城市主义者则恰恰相反，他们的工作与客户和社区必须保持紧密联系。奥托·斯卡尔梅尔（2007，464）把这种"联合创造"形容为"通过连接脑、心和手的智慧"，塑造"未来的雏形"。

通过合作的方式为未来塑造愿景时，实现这些愿景便已指日可待。正如

图4.1 联合创造：邀请、欢迎、合作

INVITE WELCOME PARTNER

彼得·布洛克解释的那样："一旦我们认为一件事情有可能实现，然后和其他人一起全力以赴，那么实现的可能就已经被带入了我们的家、学校和社区。"联合创造的过程本身就是另一种优势，因为社区合作把众人的智慧整合在一起去创造一些新的东西，从而发生"集体转变"（布洛克 2008）。这个过程的本质就是通过讲述自己的和聆听他人的故事去创造新的故事，用斯卡尔梅尔的话来说就是"从未来之初引领未来"（斯卡尔梅尔 2007）[1]。

当众人开始集体构思和找寻机会时，就会产生协同效应，从而带动机会成倍增长。当有创意的想法和可以实现它们的资源开始涌现时，它们自身所携带的多米诺效应将带动更多的人参与到这个持续、动态的过程中[2]。除了借助人文和场所的优势之外，优质城市主义也清楚应向哪些实践案例学习和发展。优质城市主义自豪地站在巨人的肩膀上，深入研究当下的最佳实践和相关案例。这是一个"多声道"的过程，它可以收集各式各样的声音，化平淡为神奇，主动且卓有成效地渲染着优质城市主义。

尽管通常因法律规定或合同要求，将公众参与纳入城市和建筑项目标准流程中已由来已久，但常常因为要求全民参与，反而毫无成效和令人失望。在许多情况下，公众没有获得足够的信息或了解项目全况，因此没法给出建设性的反馈意见。或因提案过于高深莫测，公众无法给出建设性的建议。甚至连 CYB（cover your butt 的简称）公共参与组织都认为，公众参与只是在履行章程而已。在为数不多的情况下，公众参与可以成功执行，然而公众的反馈意见在转化为实施的过程中却往往遭到遗漏。只有在极少数的案例中，公共参与既能被很好地执行也能投入实施。

毫无疑问，城市建设需要各行各业的人员共同参与和联合创造。正如建筑师菲尔·奥尔索普（2009，1）的巧妙解释："我们无法通过各个学科（如经济学、社会学、人类学、建筑、城市规划、历史保护等）专属的显微镜观

---

[1] 心理学家詹姆斯·希尔曼将这个过程描述为"看透"，托马斯·盖尔解释道："首先必须意识到这个理念，然后允许想象画面的产生，随后进行实践操作……如果我们的想象画面是正确的，它就会带动项目的前进"（希尔曼 2006，12）。莱奥妮·桑德洛克（2003，204）是这样描述这个过程的："这个最古老的艺术始于故事分享，然后大家共同努力去创造新的故事。"

[2] 罗伯塔·布兰德斯格拉茨（1994，50，105）在萨凡纳和布朗克斯中提供了最佳的案例。简·雅各布斯在如何振新低收入社区的案例中将此描述为"拆解贫民窟"（1961，353-80）。

察各自领域问题的方式，去改变今天城市和郊区令人悲伤的衰败景象。这就好比许多研究者通过各自的望远镜观察远方的一副后印象派画作一样，望远镜倍数越高，他们能看到的画幅就越少。而实现可持续社区的真正出路在于这些望远镜之间能有越来越多的合作、越来越多包括本科和研究生课程在内的跨学科交流。”

亚历克斯·克里格（2009，Xii）在与城市设计师对话时提出了类似的观点：“城市设计师们大可不必因为无法预见这个权力下放的结果而感到绝望，而必须去学习成为更有效率的合作者和更积极的参与者，为真正的跨学科而努力；并且能够宣扬并非出于自己但能够影响深远的创意，而非权宜之计。这些对于一个设计师来说并非容易之事。”

在通过文字和图片来描绘一副想象画面的过程中，联合创造的创意进入打磨和提案的阶段。起初，这幅画面仅是建议性的、不怎么明确，仅提供了一个构架去激发其他人的创意以将尚未明朗的格局定型[1]。一旦成型，这个创意将被制成样本并得到推广，以此扩大项目的知名度并获取额外的反馈意见、支持和资源去实现它[2]。

列出一个项目的资本清单并用图表去呈现对于项目宣传很重要，这个清单应强调项目在各方面，包括对环境（例如改善水和空气质量、减少城市热岛效、修复森林、减少石油的使用或保护野生动植物等）、对经济（通过项目类比和可能系数来预测回报率），以及对总体生活品质（包括休闲娱乐设施、美观性、舒适度和方便度、活力和平等性等）的价值。随同这个资本清单，概念性地宣传一系列已有的/提出的方案，在激发利益相关者和大众兴趣的同时吸收更多创意，继而进一步优化提案。这一建议来自埃德蒙·培根，他曾说：“让一个城市变得更有活力、更生动和更经济可行的真正动力源于人们想要共同构思城市的未来”（摘自奥托和洛根 1989，58）。

正如社会企业家运用企业运行规则去实现社会的转变，优质城市主义者作为“城市企业家”运用类似的规则也可以实现城市的转变。商业企业家以利润来考核业绩，社会企业家以实现社会目标来衡量成功，而城市企业家则以人们联合创造繁荣的场所来判断是否达成目标。城市企业家（或称“城企家”，以区别于城市里的商户[3]）可以借鉴企业家的方式去实现这个目标，其

[1] 布斯克茨琼说：“城市主义涉及界定功能的场景和途径，而非精确地定义现阶段无法企及的未来。”

[2] 克里斯托弗·亚历山大在提倡这种方法时说每个项目都要被表达成“发自内心的愿景，它必须具备能和他人沟通、被他人感知的突出品质”（亚历山大等 1987，50）。

[3] “城企家”这个简称由珍妮弗·约翰逊和莎拉·美斯所建议。

中包括信息传递、市场营销、品牌包装、商业企划、谈判技巧、管理策略和合伙制等。

城企家可以通过计算“城市资本”来衡量一个场所的“好”，以此来监测和显示成功。城市资本可以通过活力因素的相加计算得出，即经济、环境和文化的活力、社会平等、场所归属感、幸福指数、生活质量以及公共健康（身心）指标的总和[1]。计算城市资本的另一度量标准是自我调节反馈机制对场所长时间合理且有效的表现力。计算城市资本能够应用于决定基本线、设定预期结果、检测过程和评估成果。

既然设定目标不再是主要建设者的职责，而由联合创造场所、集体憧憬和新衡量标准来完成，那么传统的组织架构图、流程和产品则无可避免地也需要被修改。就像肯·格林伯格所言（2011，15）:“城市建设的全新方法是物质化，所有以前关于谁来领导的老论调都不再有意义……城市尺度上的设计权现在应普遍下放。”他强调不光靠几个主要建设者、而应由公众联合创造“一个强大、文化底蕴深厚的城市，人与人之间有着紧密联系并且拥护热爱这座城市，以及人们对它有着长久的共同记忆”（347）。

在给纽约《时代周刊》的一封公开信中，“公共空间项目（2004）”对这一改革做了如下描述:“创意、决定、甚至灵感将从四面八方涌来，它们来自于当地的居民、上班族和游客。创造空间需要制定许多原则来满足不同使用人群的需求。建筑师、景观师、交通工程师、社区开发倡导者和经济发展权威机构随同其他人群，将就如何创造人们想要的最好空间展开积极地讨论。”城市家卡洛斯·拉蒂和安桑米·汤森（2011）说道:“由于越来越多的居民们通过互联网产生联系，真正智慧且现实中的城市不会像军队操练那样听从号令、步伐一致地前行，而更像自由翱翔的鸟群和随波逐流的鱼群，个体会受到社会行为的感召，从他们邻居那找到前行的道路。”

这条城市建设的新道路同时推动了文化的转变，奥塔斯斯卡尔梅尔（2012，2）将其描述为“从自我主义到生态系统”。他认为这个转变，“无关乎技术而是社会的转变:是商业、政府和社会之间关系的转变，从强制和冲突转变成对话和协作。”按照斯卡尔梅尔的话来说:“这个关系转变的目的将在整个生态系统的尺度上做出意义深远的创新。”

---

[1] “社区指标”领域在近几年获得了快速增长。玛丽亚·杰克逊总结说:“全国社区指标联合网站是为了发展和使用社区层面的信息系统，由城市学院和国内一些社区指标提案联合制作的网站（http://www.urban.org/nnip/）。社区指标联合网站是一个为社区层面发展和使用的“学习网络”（http://www.communityindicators.net/）。国际社会生活品质研究网是一个为了研究人类生活品质而设立的国际性网站（http://isqols.org/）”（杰克逊等，2006）。奈特基金会组织了名为”社区的灵魂”的民意调查（2008 – 10）（http://www.soulofthecommunity.org），发现了人们对场所的情怀和国内生产总值之间的联系。人们对社区的情怀与社会付出、公开性、美观、教育、基础服务、领导组织、经济、情绪健康、安全、社会资本和市民参与都有很大的关系（奈特基金会 2011）。城市研究所有一项报道衡量了文化活力和社区健康之间的联系（杰克逊等 2006）。

这个转变很显然应了全球商界里的一句俗语——“竞争性策略是行不通的”（诺德斯特龙和里的斯塔尔 1999），以及至理名言——“公司必须超越竞争去赢取机会或‘蓝海’”（金和麦伊沃尔纳 2005）。商界里的这个调整反映了今天经济价值的转变，经济价值从原本的与稀缺性相关转变为从充足中获取。在描述这些“新经济规则”时，凯文·凯利（1999）指出，在工业时代提倡大量生产来降低成本，但今天的互联网经济使“增值回报由整个网络创造和共享。许许多多的机构、使用者和竞争者一起创造着网络的价值……和更广大的人际网络价值。”查尔斯·兰德里（2000，33-34）对这一转变如此诠释道：“工业经济的价值有赖于稀缺性，因此当产品增多时，价值就减小了。网络经济却逆转了这一逻辑：价值存在于充沛性和人际关系中。传真和电邮只有当别人也在使用时才有意义……标准和网络价值的增长与硬件和软件成本的减小成直接正比……“充裕规则”阐释了如何通过对其他产业开放来创造自我价值……目标即是创造能带动其他产业（如辅助产品、升级、广告等）发展的不可或缺产业。”

在这些新经济规则的影响下，当前的能源、气候和财政赤字问题正在改变着我们的环境和生活，这需要我们做出前所未有的回应。规划理论家菲利普·艾米（2010）认为这些并非周期循环的、会慢慢变好的危机，而是“更年期”的预告，“是极难复原现状的一个根本性变化”，预示了“一个正在展开的新现实，而我们将生活于其中”。艾米（2011）说：“我们生活在两个世界之间：一个正在日益衰竭、迟暮但尚未逝去，而另一个则正当临产但尚未出生。规划应当去复兴前者并帮助后者的降临。”

理查德·佛罗里达（2009，6）认为这一新现实正在催生（或呼吁）一个“新地理”：

> 我们应当让老一代的主要产品和生活方式远去，并开始在一个新地理上建设一个新经济。这个新地理是什么样的？它将是一个更加集中的，一个可以让人们在一个分散的但充满创意的大型都会区或城市中更加自由地接触和更有效地交流的地理环境。不经意间，它将成为当石油不再廉价的世界中的一景，但最关键的，它将包容并加速发明、创新和创

造——这些美国人民仍然非常擅长的行为……在美国的历史长卷中，适应性或许是最能表述美国人民特质的一个词。在十九世纪的漫长萧条时期，这个国家从农业社会转型为工业社会。在大萧条结束后，它开启了一条生活、工作和生产的新路，引领国家迈向了一个前所未有的繁荣昌盛期。在关键时刻，美国人总是能够向前看，绝不回头，并让全世界为我们的复原能力而惊讶。我们还能再来一次吗?

是的，我们可以。只要这个新现实、经济和地理是一个联合创造的产物。我们要联合创造，因为所有伟大的城市都是通过社区长期发展建立起来的，是层层叠加创造了城市的深度、趣味和特色。我们通过联合创造向过去、其他最佳实践、利益相关者，以及其他学科和专业学习。优质城市主义是中立的，它强调与别人一起工作，而不是让别人工作（强迫的）或替别人工作（被动的），去挖掘已经在那里的“宝藏”并将它们打磨成“珠宝”来装点我们的场所和社区。

我们从各自的文化视角观察着这个世界，对有些想法和行为有着共同的认识，而它们处于动态变化中。这个文化的一部分来自于语言：我们通过书面和口头交流来共享认识；而另一部分则源自城市：我们通过布置和使用空间来共享认识。文化的两个方面——语言和城市——是动态的。事实上，这些共享的认识是允许动态发生的稳固根基，也为改变提供了充分的安全保障。当我们这个行业与其他相关行业共同联手组成一个次文化时，我们通过这个次文化去看待和回应这个世界就多了一层滤镜。联合创造有效地维护着文化和次文化的动态性，是发明、创新和创造能够扎根与开花的肥沃土壤。

案例研究：市民中心

地点：多处

主要参与者：张凯蒂

关键主题：慢、低、当地、改造再利用、创意企业、企业的创新、联合团队、与利益相关者联合创造、社区参与、关于城市主义的对话

案例研究由珍妮弗·约翰逊和南·艾琳共同执笔

在阿拉斯加州的费而班城，冰博物馆的斜角处有一栋卡其色的建筑，人们经过那里会看到与博物馆一样诡异的一景。一张四层楼高的巨幅海报从屋顶悬挂而下，上面写着“再爱我一次”。而在这个被遗弃的建筑外面有一些黑板，上面散落着评语、图片、甚至简笔画：比如“我对宝来建筑的记忆是……”，“我希望这个建筑……”（图4.2）。这个含蓄的邀请正是在收集能让这座地

图4.2　“再爱我一次”，位于阿拉斯加州的费而班城
（图片来源：市民中心）

标——费而班城的最高建筑重返人们生活的创意。

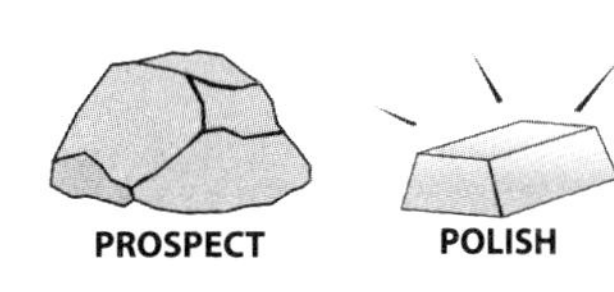

这个公共参与的想法来自身兼艺术家、设计师和城市规划师多职的张凯蒂,她相信“沟通方法是一项重要性不亚于道路和电力的基础建设”(2009b),以及“我们的公共空间设计应更好地服务居住者和人类”(2011a)。张的作品曾在国家设计博物馆、俄罗斯的克利斯朵夫国际机场，以及她所形容的“许多谦逊的行人道”(2011b)得到展出。“那些想要将城市变得更加舒适”(张 2011e)的人会有所思考并思虑周全地去投入行动。2010年，张在新奥尔良与他人联合创立了一个名为“市民中心”的艺术和设计工作室，专注于创造高品质的公共空间，并倡导由公众引导和改变城市。张和她的团队成员，包括作者、艺术家、设计师、城市规划师和软件工程师等一起合作，已经在内罗毕、纽约市、赫尔辛基以及她的故乡新奥尔良推广了这个理念。

张说:“无论是平凡琐事还是关键决策，当地居民都是最有发言权的。但是如果我们没有办法分享他们的智慧，这些智慧将无法被开启，那我们生活的环境与一个装载过客的大酒店相比也好不了多少”(2009a)。为了提供分享的途径，她在《优》杂志的“邻里”专刊上(张 2011d)引入了一个全新的概念——“邻

图4.3 “邻居的门把手挂件”
(图片来源：市民中心)

居的门把手挂件”（图 4.3）。它与酒店里通常可见的挂件，写着“请勿打扰”恰恰相反，“邻居的门把手挂件”一面写着“请来打扰！”，并附上了最佳访问时间和联系方式（电话、短信和电邮）；而另一面则很直接地问“我可以借吗？”，并留出了留言区给人们写他们想要表述的。那一期的《优》附赠了这个门把手挂件，希望可以帮助人们练习找回已经失去的邻里关系。张说：“我们拥有越来越多的途径去接触全世界，却依然对了解我们居住的社区感到困难”（张 2011d）。

为了进一步促进邻里关系，张发明了一个印有“我希望这是……”的贴纸，人们可以把这种贴纸贴在任何想贴的地方（图 4.4）。张解释说：“这是一个有趣而简单的方法去收集某一地区内的需求、人们对城市内不同社区的希望、梦想和丰富多彩的想象。”她从新奥尔良开始出售这种贴纸，并且为之后的社区公共空间项目提供帮助，这项活动还在扩大到其他城市。（张 2011c）。

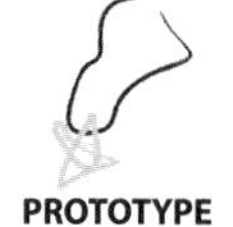

张观察到人们会在同一张贴纸上对前人的留言做回复，由此她建议这些人可以在一起工作，而她的下一个项目的目标就是协调合作。张在 2011 年创建了一个名为“邻里土地”（http://neighborland.org）的互动网站，它是一个实体工具的电子化转变，让参与者一起合作、共同发展和实施他们对所

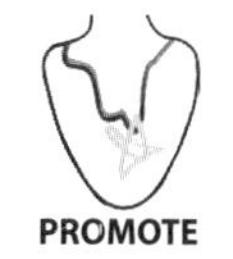

图4.4　一箱子写着“我希望这是……”的贴纸
（图片来源：市民中心）

在社区的想法。这个网站体现了张关于联合创造、权力下放和方便可及的承诺，网站开发由互动设计师丹·帕勒姆和工程师缇·帕勒姆完成，获得了杜兰大学和洛克菲勒基金的城市创新学术奖的赞助。

张在另外一个项目中设计了《小贩的力量！在纽约市摆摊的导则》，她将街头小贩们平常最容易触犯的规范画成示意图,帮助他们避免受到重罚（图4.5）。这本简单易懂的免费图册有英文、孟加拉文、中文、阿拉伯文和西班牙文等多种版本，也可以从网上下载（http://www.makingpolicypublic.net/index.php？ page=vendor-power）（张 2009b）。另外她还出了一本名为《认识你的街头小贩们》的附册，给顾客们提供信息介绍。张在这个项目中受雇于城市教育法中心，该中心与设计师们一起合作完成了“街头小贩项目”（部分属于纽约市城市司法中心）。

在新奥尔良，张将一栋废弃的房屋改造成了一个聚会场所，用黑板上的提示语——“在我临死前……”和后面让路人做的填空，引发人们思考和表述（张 2011a）（图4.6）。她希望通过这种方式去启发人们停下来问问自己

图4.5 一名纽约市的小贩正在阅读“小贩的力量！”
（图片来源：城市教育法中心）

图4.6　位于新奥尔良的“在我临死前”项目
（图片来源：市民中心）

图4.7　张凯蒂正在喷字模
（图片来源：市民中心）

什么才是最重要的。她写道:“自从去年我失去了某个我深爱的人之后，这个问题改变了我”(张 2011a)。张用黑板、油漆、字模和粉笔这些最原始的道具，在个人憧憬基础之上将这个项目发展到了集体憧憬和场所憧憬阶段(图4.7)。为了让更多人参与和支持这个项目，张确保项目从社区组织的贫困委员会、新奥尔良的历史区域地标委员会、新奥尔良艺术议会以及新奥尔良规划委员会中获得许可。

这个项目不仅赋予了一栋废弃的房屋以新的生命力，更让人们能驻足思考人生。因此，作为美国精明增长和LEED社区发展(LEED-ND)的联合创始人之一的凯德·菲尔德,将这个项目喻为“史上最具创意的一个社区项目”。(菲尔德 2011)。

从协调社区互动、帮助别人憧憬更好的社区、将规范画成图册，以及到提醒我们人生的真谛，张凯蒂一直在用各种创新的方法去获取个人和集体憧憬以改善公共空间。

案例研究:憧憬犹他州

地点: 犹他州

重要参与者: 罗伯特·格鲁、约翰·弗雷格内斯、彼得·卡尔索普、洪博培，以及“憧憬犹他州”项目的合伙人、特约顾问和工作人员

关键主题: 慢、流、低、当地、城市中的自然、相互连接的开放空间系统、城市和区域的网络模型、以公交为导向的开发、适宜步行性和适宜骑自行车性、联合团队、与利益相关者联合创造、社区参与、关于城市主义的对话

案例研究由南·艾琳和珍妮弗·约翰逊共同执笔

培养人们提前几代思考的能力的最佳方法，罗伯特·格鲁(2012)认为:“就是花时间和一个你认识的小孩待在一起，试着去想象他或她在25年后的生活会是什么样子。换句话说，就是去想象你面前的这个小孩以后可能会遇到的事情。”格鲁在1995年的一个秋日夜晚有过这样一次机会。他载着儿子从足球

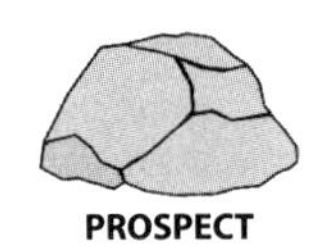

训练场回家的路上，这位高中生跟他袒露心声，表示自己和朋友们都觉得将会是第一代不如父母辈的美国人。他的忧虑涉及可能会影响到他们生活的各种因素。格鲁专注地聆听了他儿子对于一个民族未来的忧虑，这个民族的祖先曾是美国最早的一批殖民者，而其近几代的先人们也在他们所在州的开发者之列。

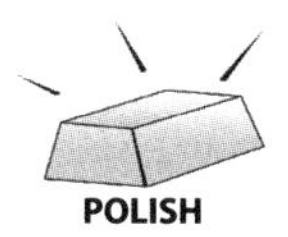

格鲁曾是日内瓦钢厂的主席和执行总监，现担任土地利用律师和工程师，最近又被任命为“犹他州的未来”联盟（成立于1988年）的主席，掌管着旗下的新“高质发展监控委员会”。该委员会主要的任务是“为解决犹他州发展面临的挑战做研究和提出建议”（犹他的未来联盟，1999，2）。为此，他们花了六个月时间访问了“约150位社区领导者，其中包括宗教首领、教育家、商业首领、环境主义者、开发商、市政府和州政府领导、市政企业、少数民族和市政领袖等”（联盟 1999，7）。在项目初期进行快速地集体憧憬是这个过程中“建立社区支持的关键一步”，同时“为如何展开后期的社区参与和有效且优质的反馈做了很好的铺垫”（联盟 1999，7）。

为了实现这个过程，“犹他的未来”联盟联合监控委员会在1997年1月成立了“憧憬犹他州”这个“非盈利且中立的公私合营制组织，以公众参与挖掘方案为目的，去解决发展中对土地利用、交通和环境造成的挑战”（憧憬犹他 2012）。格鲁应邀领导这个组织，同时还有来自不同领域的100多位人员应邀成为合作伙伴或专家顾问（只有一位拒绝了邀请）。在这个多样化且具有影响力的团队带领下，由专家组成的一支小团队开展了公众参与工作，“憧憬犹他州”以“公开、诚信、透明的草根形式，促进相互信任和让群众发声，并且注重公共价值、研究工作、多方案分析、有效技术的应用和对社区的憧憬”（憧憬犹他州 2012）。

“憧憬犹他”的第一个任务是为犹他州的大沃萨其区域制定一个愿景。这个区域长约120英里、宽约60英里，由人口密集的沃萨其山前市及其周边的沃萨其山、奥其尔山、大盐湖和犹他湖所形成的自然边界包围而成。犹他州超过80%的人口都集中在该区域：1995年约160万，2011年约240万，预计在2040年将到达400万。为了阻止情况的恶化，事实上是为了更好地发展，“憧憬犹他”开始着手一个大方案，为该区域发展制定开发导则。

在顾问公司弗雷格内斯·卡索普协会的协助下，“憧憬犹他”开展了详尽的社区参与活动，让2万多名社区成员参与了谈话，表达了他们对该区域未来

的期待；进行了175次的公众会议，用以往只在市场研究上才用到的价值分析方法去介绍富有公共使命的政策；另外，参与者对未来可能发生的情况也做了多种假设，并且对假设做了评估，这是军队和跨国企业常用的方法。“憧憬犹他”为了获取有信息含量的公众参与，组织了“大规模的公共意识竞赛”以普及公共教育（犹他未来联盟会，1999，24），分发了60万份的问卷调查，并建立了一个网站作了网络调查，还为幼儿园至高中的教师举办了工作营，制作了好几个长达30分钟的纪录片，以及与主要利益相关者和决策者开了无数次的会议。

同时，“憧憬犹他”对其他曾经历过快速发展的都市区作了研究，尤其是波特兰、丹佛市和加利福尼亚州的一些地区。正如格鲁所言：“我们访问和聆听的人越多，就越容易挖掘真理”（犹他未来联盟会，1999，2）。所有这些工作的成果——《质量增长策略》（the Quality Growfh Strategy）——汇集了最初四个方案的精华，它没有选择让城市继续蔓延，而是将开发集中在步行可及、以公交为导向的社区中，与早期摩门教聚居地的集约型布局有异曲同工之妙。就像“憧憬犹他”所描述的：“《质量增长策略》通过将开发集中在核心区和公交走廊上，去保护犹他州的环境、经济优势和生活品质”（憧憬犹他，2011b）。

“憧憬犹他”成功说服了州立法厅成立了犹他质量增长委员会为土地保护和规划筹集资金。据规划和预算司法部门（GOPB）估计，这个策略的实施将在未来20年内为发展边界内的用地带来一系列好处，包括：保护超过170平方英里的土地，减少7.3%的汽车尾气排放，在已经极度蔓延式开发的地区开展集约型建设，以及在交通、用水、排水和市政基础设施方面减少约45亿美元的开销。（GOPB 2000，5；憧憬犹他 2012）。

自诞生以来，《质量增长策略》已经在引导该区域的土地使用和交通决策上发挥了重要作用，对该地区发展世界级公交系统有着尤为重要的影响。在憧憬阶段发生之前，公众并没有太支持轻轨建设，但在其之后，88%的人青睐于选择轻轨和其他形式的公共交通出行（憧憬犹他 2011a）。截止到2010年，该地区已经建设了长达60多英里的轻轨和通勤轨道，并且在未来的三年内另外的70多英里也将完工。此外，快速公交系统在扩张，街车轨道也在施工中。在发展公交系统的同时，《质量增长策略》推动了几个相关项目的展开，其中包括：“城市溪流中心”，一个位于盐湖城中心，占地20多英亩，集住宅、商业和办公开发为一体的价值20亿美元的项目，将于2012年三月开业；还有“黎明”，一个占地4200英亩的集约紧凑式混合功能社区开发，目前盐湖城每五户出售的房屋中就有一户属于这个项目（http://www.daybreakutah.com），它在2010年被列为美国最畅销的地产开发第六名（最佳 2010）。

在2005年，“憧憬犹他”联合了更多团体，其中包括沃萨其山前市的区域议会、盐湖县府、犹他大学、盐湖城、犹他公交权威、美国规划协会（犹他分支）、犹他交通部门，以及政府的山地协会等，开始着手“沃萨其的2040选择”和“大盐湖城的土地利用和交通愿景”。因其在六个示范城市中最大化以公交为导向式的开发机会，他们在2010年荣获了由美国住房和城市发展部门颁发的可持续社区区域规划奖。

“沃萨其的2040选择”旨在让区域在面临经济和环境的双重挑战下，为人口变化作好充分准备。在大规模的公众参与憧憬的前提下，“憧憬犹他”团队和其合作者们就住宅选择、工作地点和服务设施选址以及公共交通的可及性方面，提出了多个不同的方案（图4.8和4.9）。该项目尤其关注一个长期的交通规划方案在财政上的经济可行性，力求基于现状，在主要街道、城市中心和再开发区域中插入一些高品质的场所。通过这个过程产生的一系列设计原则成为日后新交通提案的评判标准（憧憬犹他 2012）。

“憧憬犹他”经过这些年不断地历练和优化工作方法，已经协助了州内的许多选举议员、商界领袖和公众去集体构思他们的未来、制定发展策略，也启动了很多项目。 在1999年取代格鲁成为执行总监（以及因在2004年的“憧憬犹他”中服务而成为城市议员）的前犹他政府主管洪博培认为，这个过程已经“成为一个国家典范”（洪博培 2006），因为它直接影响和激励了80个美国其他地区和13个海外地区[1]的项目。

“憧憬犹他”除了让邻里关系变得更加紧密外，也让不同的市政机构达成互利互惠，改变了传统的区域规划方式。按照“引领大都会”的研究员阿瑟·C·尼尔森所说，“憧憬犹他”之所以有影响力，部分原因在于“它乐于着手其他人避而远之的可怕项目”（摘自憧憬犹他 2012）。“憧憬犹他”没有避开冲突和绕开情绪问题，而将矛头直指问题，帮助人们找到共同利益所在，并帮助他们制作共同想要的愿景。

[1] 这些项目分布从位于南犹他的“憧憬德克西”（布莱斯大峡谷和锡安国家公园的家乡）到犹他州和爱达荷州边界的“熊湖谷的蓝图”。“憧憬卡克谷”考虑了北犹他农业用地上的快速人口增长；“约旦河的蓝图”为穿越盐湖谷心脏进入大盐湖设计了一条沿河通道；“沃萨其峡谷的明天”推动了盐湖谷东部六个峡谷未来发展的计划和导则。

图4.8　位于犹他州盐湖城的场地现状
（图片来源：憧憬犹他）

图4.9　该场地的一个构想图
（图片来源：憧憬犹他）

案例研究：BIM 风暴和 Onuma 系统

地点：任何地方

主要参与者：大沼金郎

关键主题：流、相互连接的开放空间系统、城市和区域的网络模型、联合团队、与利益相关者的联合创作、社区参与、关于城市主义的对话

"我们用重力和光来写诗。"

——大沼金郎（2011）

案例研究由查士丁·尼波帕执笔

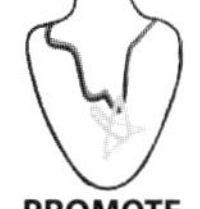

在 2011 年 1 月，许多规划师、建筑师、工程师和地理空间分析师来到加利福尼亚州的雷德兰兹市参加一年一度的地理设计峰会。这次会议的重要议程是一场"BIM 风暴"——用很少能在公共场合见到的规模来演示一种实时合作设计——在 1 小时内，由 200 人组成的观众席，仅用他们的手机和笔记本电脑，去设计香港某块场地上的 79 栋建筑，包括总计超过 3600 万平方英尺的建筑面积和 160 亿美元造价的新开发。

让这一切成为可能的创新是一款叫作 Onuma 系统的网络软件，它出自建筑师大沼金郎的创意并以他来命名（Onuma 译为大沼）。这个系统的功能就好似一个实时协调员，在一个中央网络模型和用来分析、设计和管理城市风貌的众多（且通常不兼容）软件工具间起协调作用。这个模型几乎是一个完整的数字化世界，它能存储气候、地形、交通模式和建筑信息等任何数据，还可通过传感器输入。这个系统允许使用者根据他们的喜好，且无需专业知识，用他们手上的任何一款软件来为一个项目做贡献，甚至允许上传徒手画扫描件。

大沼金郎将它比喻为："在一个旅行网站上预订机票和酒店，你不需要熟悉其背后复杂的过程就能操作，当航班或其他参数改变时，系统会及时反馈

在你的电脑显示屏上，你可以测试不同的方案——如果我在另一个时间出发会怎样？如果我走一条不同的航线会怎样？——你都能立即看到结果”（大沼 2011）。大沼金郎说，Onuma系统更领先一步，因为它“允许多人同时从中心获取同样的信息，并可以同时试验不同的解决方案”（大沼 2011）。

每一个BIM系统都设有一个虚拟会议室，让参与者在模型上工作的同时开展头脑风暴和相互交流创意。一名挪威工程师可以在看到一名巴西建筑师的新设计时更新建筑结构，而一名环境图像设计师可同时创造标识系统；在佛罗里达的地理系学生可以通过这个系统及时了解改变而展开地震分析，建筑师在几分钟后就能知道他的新设计是否合理；同时，一名艺术家或许能够和一名社工在虚拟论坛上讨论，寻求项目可以与当地文化合作的机会。随后这些参与者们可以一起讨论方案，就好像他们处在同一个房间中一样。大沼说：“因为这个工具，现在我们有能力在一个很高的层面上观察建筑和城市的表现，并从中获得更好的可持续解决方案。可持续性包括很多方面，而首先我们要了解现状，知道我们的建筑和城市表现如何”（大沼 2011）。

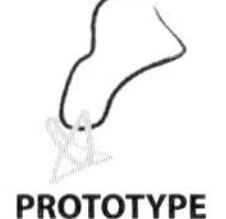

自2006年以来，大沼一直在向全世界推广BIM风暴，他认为开放式的合作才是推动规划和建筑的基础。为了诠释其在现实世界中的应用，他已经组织了许多有具体主题的BIM风暴，从针对海地大地震的灾后重建、到协助管理加州社区大学网络等。

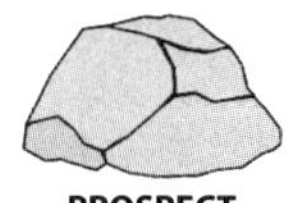

Onuma系统对这些BIM风暴的作用可以追溯到1990年代中期，首先它作为Onuma公司的内部应用软件，该公司由大沼金郎的父亲创办，他也是一名建筑师。该公司要为美国驻日本的横须贺海军基地规划2000栋新住宅和一些其他建筑，所以采用了这项新兴的技术以迎合这个项目本身的系统化特征。大沼解释说，这种方法是通过计算排列“智能物件”，“在一些基本的限制条件上建造一栋房屋或一个停机坪，就好比种一棵树，首先出现的是树干，然后是树枝，再然后是树叶等。当军队要看成果、方案图和报告时，我们也展示了制作过程，他们看了之后感觉非常兴奋”（大沼 2011）。

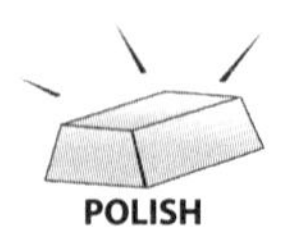

顺利完成了海军基地这个项目后，该公司与美国政府建立了很好的联系，这成为其日后发展最大的资本。他们也开始寻找建筑、规划和计算机领域内的专家们一起合作来协助公司发展。为横须贺海军基地创造的“智能物件”，让国外的合作者们在不了解当地住宅规范的情况下可以为住宅项目工作，从而帮助该公司跟上了日本建筑繁荣时期的步伐。同时，由于在美国和日本两地间频繁地飞行，该公司也开始研究适应远距离合作的软件，成为日后 Onuma 系统的核心。

当日本的投资者们转头在美国购买房地产时，大沼随即在加州的帕萨蒂亚市设立了一个 Onuma 的分公司。这个分公司将它的内部技术转移到互联网上，让客户随时看到资料，并引进了建筑信息模型（BIM）——一款专注于以三维电脑模型来存储几乎所有关于建筑信息的软件。

有这些现在 Onuma 系统的先驱在手，该公司开始延伸到其他建筑、规划和建造公司，允诺可以显著提升他们的工作效率，减少他们的工作时间。首先，能够让这些公司与合作者和客户之间更快捷地联系；其次，能让尽可能多的简单建筑设计功能自动化。尽管这个系统提供了与全世界合作的机会，也能减少建筑师们的日常工作量，但时不时还是会遭到无法预期的阻力。一些公司觉得 Onuma 公司正在试图将创意过程自动化；一些担心花一半时间完成项目则意味着利润也减半。在一些大型公司中，IT 部门的反对声音最大，因为他们或倾向于将信息控制在公司内部，或可能是出于对信息过量的恐惧。

对 Onuma 公司最积极的反馈来自最想要提高效率的三个团体：设计 / 建造承包商、业主，以及公司最鼎力的客户——美国政府。在 2005 年，美国海岸警卫队（USCG）需要设计 38 个指挥中心，预计每个中心的设计平均要花费 10 个月时间。“他们现有的设施总是无法彼此同步，因为每一个都有自己的方法”，大沼解释道：“他们的财政报告说这里有一栋五万平方英尺的建筑，但事实上这个建筑两年前就已经拆掉了。而且，这种情况并不罕见”（大沼 2011）。Onuma 公司用他们的工具同受过极少训练、对软件了解甚少的海岸线警卫队的规划团队合作，把每个设施的信息输入了 BIM 模型。他们还建立了一个过程，利用 USCG 团队为自己做最初设计，从而把 10 个月的设计时间减少到了 6 个月，并且为公司赢得了好几个国家奖项。

更重要的是，这个项目催生和测试了 Onuma 系统的原型，为后来的基于公众的设计和自我维护项目奠定了基础。在 5 年后大沼组织的 BIM 风暴展示上，一些项目例如海地规划和东京 BIM 风暴，已经能够让公众同时在 Onuma

服务器上设计和规划。

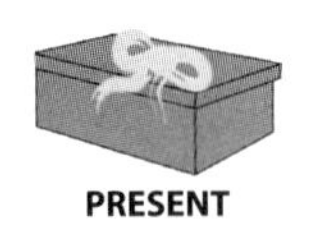

BIM风暴是一款针对联合创造的有力工具，大沼说（2011）:“它基本上就是一种非线性的将人们聚在一起的方式。BIM风暴让我们突破底线和尝试新事物。它允许我们失败……但合作才是更大的前景。”大沼（2011）补充道:“我看过一些事情在开始的时候看起来很可怕，但它同时也开启了机会。我们意识到当你开始共享信息时，你就同时推动了你自己和社会的进步，因为你无法一个人解决这个世界的问题。”

第五章 | 顺势利导：设计结合自然之新版

“我们若想阻止技术大规模控制和改变人类文化的方方面面，只能借助于一个完全不同的模式，它并非扎根于机械，而是根源于生物体和有机混合物……建立在这种模式上的经济通常被称为繁荣经济。”

——刘易斯·芒福德（1967–70）

如果让场所保留其优势并通过一些微调来改善其原本表现不足之处，那么，优质城市主义只能被称为“城市主义中的明星厨师”——用既有的食材制作佳肴；但是，它也可以成为“城市主义中的料理达人”——通过明智地增添一些新食材让既定主题食材“最大程度地发挥其独特风味”。

优质城市主义主张在采用有效的公众参与找寻某场所资本的同时，也要增添一些新元素去顺应既有的“流”，这些“流”既有自然的也有人为的，包括等高线、野生生物廊道、风廊道、水道、日照廊道、视线廊道、街道马路、公交路线、飞行路线、步行通道、地块红线和市政线路等。盘查这些“流”乃是优质城市主义的出发点和灵感的来源，正如小说家卡尔维诺所描述的景观：“在寻找形状的过程中建成的关系错综复杂的蜘蛛网”（卡尔维诺 1978，76）。当下的规划往往忽略这些细节，或视它们为障碍而欲将其除去或掩盖，而顺应既有方向的方法则反其道而行。

一名优秀的城市主义专家作为通往繁荣道路上的参与——观察者，能够理清庞大的系统并判定能量所在和所缺之处；然后施展“城市针灸”策略，在现有城市结构中插入新的元素去清理“城市线路”的障碍，从而释放一个城市的生机[1]。这些新元素不仅能清除物理障碍，也作用于城市线路（上面

[1] 弗兰姆普顿（1999）、雷纳（2003）、索拉 - 莫拉莱斯（2004年）、艾琳（2006）以及考和贝克 - 考（2007）引用了这个术语。海梅·勒纳（2010，190）在描述城市针灸时说：“有策略而及时的干预能够释放新的能量并且有助于将它们导向目标（激发）积极的连锁反应，或者如简·雅各布斯所描述的’外溢’，能够帮助治疗和加强整个体系。”

所列的自然和人工的“流”）上的社会障碍，通过带来城市和经济振兴，提升场所和社区的健康和幸福感。顺势利导策略可以让场所在“流”中协调人流、物流和信息流，同时提供有趣、独特和地道的体验[1]。“城市针灸”可以激活未被完全利用的资源，同时吸引新资源[2]。

例如，相较于执行“城市增长边界”，这种方法更倾向于优化现状网络。它会根据社区需求去优化枢纽、节点和连接点，从而刺激住房、教育和娱乐设施、办公、商业和餐饮业的增长。“城市增长边界”是一种处罚性的措施，它让人们“别往那去”；而“顺势利导”的激励政策则恰恰相反，它邀请人们参与，集中建设城市网络中的一些目标区域，从而创造一个伟大的城市。尽管“城市增长边界”试图保护未开发土地和鼓励城市更新，但它武断强制的边界有可能演变成一个枷锁，反而扼杀城市的自然发展。更有效防止海岸线侵蚀的方法不是建造堤坝，而是通过稳定海洋中的暗流来减弱波浪；同样道理，激励策略（而非边界）能确保城市人口不会大量流失。积极的城市优化或“转向”，能够推动城市发展为一个动态、多中心、网络化的城市，而不是人为制定的、单中心外延的城市。无独有偶，相较于惩罚和制止，“积极强化”和“转向行为”同样被证实对儿童的发展起到更大的作用。

“顺势利导”给予城市设计很多启示，例如，尽可能选择从自然能量流或可再生资源中获取的“软能量”，取代集中化、昂贵和产生污染的“硬能量”；偏爱“生命系统”或“活力设施”，选择合适的生物品种让一个生物群产生的废物成为另一个的食物（托德 1994）。优质城市主义也青睐于低影响开发，比如保留使用原来的街道路面以获取包括减少热岛效应在内的众多长期生态利益，因为相比安装新的铺装街道和雨水管道，原来不设路缘的未铺装街道和简易的过滤沟在造价上要便宜得多，也更容易吸收雨水和雪水，而且过滤后的水还可以重新流回土壤（卡尔索普、富尔顿和菲什曼 2011；康登 2010）。低影响开发还能够带来公共空间在数量和质量上的增长（详见本章稍后的阿肯色大学的社区设计中心案例研究）。

优质城市主义将原本相互分离的功能（居住、办公、交通、生产和再生产）融合在一起，以修复自然景观在现代和后现代时期所受的伤害。它将人融入自然，中心融入边缘，当地特色融入全球化，多领域专家共同融入参与城市

---

[1] 心理学家米哈里·米哈伊（1990）将“流”定义为处于无聊和过激之间的强烈体验，是浸透式的、有意识的，以及和谐的、有意义的和有目的的。考虑如何让场所处于“流”中，对加强个人表现如体育锻炼等也很有帮助。关于如何将流的概念应用到城市主义中的讨论，详见艾琳（2006，5-7）。

[2] 艾托和洛根（1989，45）将这个效应描述为“城市催化”——“一系列有限、能实现的愿景，能相互点燃和相互帮助愿景的实现。”他们所着指的这些愿景（ibid）：“不像那些宏图伟志那样，或影响甚微或有灾难性的影响；它们是谦逊的和渐近式的，但影响却是实实在在的。”

建设，以及把不同种族、收入、年龄和能力的人群融合在一起。为了实现这些融合，优质城市主义引入“完整城市主义”所阐述的五方面品质，即：融合性、连接性、穿透性、当地性和脆弱性[1]。

现代城市主义认为城市形态中各功能应相互分离，而完整城市主义则认为应通过“融合性”重申各功能的共生本性：在融合和连接（或“削减”，见艾琳 2006）功能的同时可以保护单体的完整性。完整城市主义借鉴了生态学和过去的城市形态学：从生态学中它汲取了生态多样性、优胜劣汰性、寄生性和其他一些理念（见下面）；从城市建设智慧中，学习毗邻性、同时性和共策性，将它们进行调整以符合当代需求和品味，并且修复被我们蹂躏了一个世纪的自然景观。

现实中有三种密度，即：建筑密度、人口密度和功能密度。一个宜居且可爱的场所必定拥有第三种密度，有时也许需要前两种密度但无需过量。在呼吁城市活力和可持续的城市发展时，许多项目错误地以建筑密度和人口密度为目标，却往往忽略了最重要的功能密度——功能的毗邻性。将功能密集化（也被称为功能交叉或功能混合）可以发生在空间上（横向和竖向），也可以是在天、周或年的时间跨度上。它可以由设计师、规划师或开发商们刻意实现，也可以由商业散户和居住者们更自发和偶然地去完成。

一些当代的功能混合与前工业时期的一些建筑有些类似，例如在商铺之上加盖住房或居住兼办公空间；有一些是前工业建筑的转变，例如：在大盒子（big box）商铺上加盖住宅楼，分时度假公寓，电影院 / 餐馆，书店 / 咖啡屋，白天城市广场或停车场 / 晚上露天电影院，以及壁画、广告牌、电子屏等广告与建筑的结合等；还有一些则完全是当下新生的、跨功能的新兴案例，包括：有篮球场和托儿所的办公楼，各年龄阶层均可使用的社区建筑（有托儿所、青少年社区中心、再教育和老年中心等），公共学校兼社区中心，结合式停车场（停车设在建筑、商业中心或公园内），咖啡网吧（有时候与电脑零售结合），洗衣房兼酒吧，以及汽车影院等。

类似的转变已经在管理、地产和商业界出现，例如巴诺书店和星巴克的合作、边界书店和西雅图咖啡的合作等。这些书店和咖啡馆的合作可以说是转变的缩影，但不仅于此，转变也正在快速伸展到一些网上服务，发展联盟以去占领更大的市场份额和鼓励“黏性”，让人们不去其他“地方”。我们可

---

[1] 关于“完整城市主义”更深入的讨论详见艾琳 2006。

以用时髦用语“聚合”来恰当地形容这些合作。

在城市或区域尺度上进行功能混合，能够在不需要或只需在特定区稍微增加一些建筑密度的前提下，在低密度城市形态中提高活动密度。这种新的混合类型学（建筑类型）和形态学（城市形态）能够造福人类和自然，可节省包括时间、精力、人才、金钱、水、能源（燃料、电和人体能量）、建筑材料、纸张（更少纸上作业和垃圾邮件）、空间以及其他更多的资源。

“融合性”依赖于“连接性”，以创造由节点和枢纽（较大的节点）组成并通过连接线串联在一起的活力动态城市网络。在些场所可以被解读为“核心”（枢纽和节点）或“廊道”（连接线自身也可以是线状枢纽和节点）。相互关联且共同组成更大城市网络的网络大概有六种，它们包括：自然网络（野生生物廊道、气象图、水路和山脉等）、交通网络（道路、步行道、铁路、航空路线、电梯、扶梯和阶梯等）、交易和经济网络、对话和虚拟网络、社交网络，以及历史记忆网络。

通过联手创造“门户”和“群落交错区”（多元繁荣的密集场所），“融合性”和“连接性”将激发场所活力[1]。我们将水流穿越沙漠的“旱谷”、海洋与大地相遇之处的入海口等称为生态门户，类似地，人类为了满足物理和情感需求而大量涌入之地则可称为城市门户。生态门户和城市门户都是资源充沛地，因为它们自然而然地多元、动态且能够自我调整。

优质城市主义主张通过增加城市门户的功能密度，将人、场所和体验编织在一起[2]。当功能密度提高时，人们的恐惧和不安就会减少，同时有更多的时间和精力去规划和建设社区。通过提高效率和合作，优质城市主义能够保护更多而浪费更少。换句话说，在空间和时间上的聚合（包括人、行为、商业等）会产生新的混合体，而这些新的混合体将持续带来更多的聚合。这种现象在城市或区域尺度上，可以减少通勤，提高便利性，保护自然资源，并且提高公共空间品质、社交和社会资本（信任）。

“渗透性”意味着在保护单体完整性的同时，也允许它们之间通过渗透薄膜相互交流。“现代城市主义”试图拆除岸线、界限和边缘，而“后现代城市主义”则试图去巩固它们。如果“现代”的方法结果导致过于暴露、同质化和可读性缺乏，那么“后现代”的方法则伴随了极端的厌世主义、膨胀

---

[1] 如简·雅各布斯观察到的那样：“哪都适用的原则……是城市对于最有趣和密集多元使用的需求，它让人们在经济和生活上总能相互扶持。”

[2] 从半个世纪之前开始，以英国的城镇景观运动为起点的反击运动，针对现代主义聚焦于物体上的观点，批判它将城市视作“一种雕塑花园”的风潮（雅各布斯和阿普尔亚德 1987，116），强调存在于景观中所有元素之间的“关系艺术”（卡伦 1961）。这项反击运动也体现在十号小组的“战后人文主义暴动”中（左尼斯和勒法伊伍 1999）。例如，沙得拉·伍兹强调“人类组织”的重要性，艾莉森和彼得主张创造“能够刺激人类关系发展的居住地形态”，以及 1955 年的希腊会议创造了一张列有不同类型空间之间关系的清单（左尼斯和勒法伊伍 1999）。

的恐惧感和焦虑、对优质生活条件的迷茫，以及渐渐失去的社区感。优质城市主义提倡的“渗透性”，既非拆除也非巩固岸线、界限和边缘，而是去鼓励和改善它们，让它们重新融入场所、人文和活动中（或新的融合），并不去消除它们之间的差异性——反而为它们喝彩。优质城市主义的专业人员将城市系统理解为生态系统，它必须开放地接收能量和生命力，但同时也需要薄膜作用鼓励其系统内部的交流。而难点就在于如何在创造联系的同时保留单体的完整性，让整体价值超过单体的总和值。我们需要知道什么是被允许的而什么是不被允许的，什么是该被揭露的而什么是该被掩藏的。

“当地性”和“脆弱性”要求我们以关切、诚实和尊重的态度去深入了解实际的社会和物理条件，从中汲取灵感。我们寻找一个场所的当地性，正如我们喜欢在夜晚钻入全棉的而非纤维纺织的被单中，并且希望针织密度越高越好，因为越高针织密度的床单让我们感觉越舒适。同样地，与粗糙对立的优质织物——“城市密度”，能提高城市的舒适度和品质。一个“当地的城市”能够响应当地社区的需求和品位，与当地的气候、地理、历史和文化息息相关。它像其他健康的组织一样，受益于自身的反馈机制，衡量和监控着成功或失败，因而处于不断的发展和进步中。

“脆弱性”提醒我们要放弃一些控制（但不是全部！），这与总体规划不同，后者的目标是综合性，但总在讽刺性地造就一些支离破碎，且缺乏精神和特色的城市。优质城市主义抛开专注于设计最终产品，而将重点放在设计过程上[1]——即集体构思更好的未来和如何去实现它的过程。这种方法正如小说家约翰·巴思在《潮水传说》中所写的：“通往宝藏的钥匙本身就是宝藏”（巴思 1986）。

优质城市主义紧紧围绕“万物皆非独立，一切息息相关”的原则，视人类为自然的一部分并认为自然的繁荣依赖于多元性。因此，优质城市主义与现代城市主义的主流（提取、分离和控制）背道而驰，而以融合、包容和动态为目标。为了表示它与分离主义的不同，若以科学来举例，阿瑟·埃里克森（1980，23）观察到“通过不断地冲击物质的粒子去获得核心的过程中，科学已经发现，就像爱因斯坦指出的，关系是唯一的现实”；再以社会学来举例，马尔科姆·格拉德威尔观察到社会变化主要源自关系，而不是权力和金钱（格拉德威尔 2000）。“完整城市主义”的五项品质以建立人与土地、人与

---

[1] 阿西姆·英那姆（2011）主张“变化中的城市主义”，他认为相对于成果而言城市主义者应更关注设计过程，作为工作团队的一分子鼓励公众参与、学习当地的建设知识、启动当地资源、同非营利组织合作以及改变机构等，从而获得变化的影响。

建成环境，以及人与人之间的关系为目标，而它们也恰好是良好人际关系的特征，尤其是“连接性”、“当地性”和“脆弱性”，当然还有“融合性”（开放性和扩张性）以及“渗透性”（保留单体完整性的同时产生新的结合体）。

如果人类是自然的一部分，那么人类的栖息地就如鸟巢一样，也是自然的一部分。因此，优质城市主义提倡要将城市融入自然中，也可以说是“热爱自然的天性”[1]或“自然永续设计”。融入自然可能包括通过“重新造林”或“复垦土地”，从而将自然带回一个已经被“分裂化”或“沙漠化”的场所（分裂化和沙漠化源自于生物多样性和生产力的缺失，包括气候变化和人类不可持续行为，如过度耕作、过度放牧、森林砍伐以及缺乏灌溉等）。

彼得·罗（1992）建议当代城市的发展应优先考虑自然景观，而不是单体建筑；并提议将郊区商场和办公楼转变成与自然景观结合的建筑形态以创造“现代田园”。将自然融入人类栖息地中通常可以增加生物多样性，减少空调使用和热负荷，通过移除空气中的臭氧和二氧化硫从而减少污染；同时能提供遮阴和食物，为各年龄层使用者提供娱乐机会，从而起到改善公共健康和促进社会交流的作用；当然，将自然融入城市中也能明显地提升地产价值。[2]

优质城市主义提倡不仅要融入自然，也要向自然的过程学习，尤其是学习大自然神秘的自我恢复能力。生态系统的健康和弹性依赖于大自然丰富的生态多样性，多样性确保生命在遭受压力时不会就此消失，因此优质城市主义也将城市多样性设为目标。当生态系统失去生物多样性时会产生“分裂”（例如当一条高速公路破坏生态走廊时），当我们的城市缺失社会或功能多样性时，同样也会导致城市的分裂。因此遵从生态学的逻辑，优质城市主义不会只最大化某一参数，而会倾向于优化多个参数（福尔曼 1995，515）。与其将一大笔资金孤注一掷在某个运动馆、商场或生活中心上，还不如分成多笔小资金投资到多个领域中去激发城市的活力。生态多样性能确保一个生态系统的弹性，同理，具有多样性的繁荣场所能减少社会隔离和社会病态，同时节省能量（包括人体能量）和其他资源，从而让人们更有时间和精力去计划和建设未来。

优质城市主义也应用了“生命会自我创造存活条件，这就是大自然的规则”这条生态逻辑（班娜斯 2010，204）。珍妮·班娜斯（2010，203）指出：“三千多万种生命体在共同的原则下扮演着各自的小角色，这些无所不在的原则可

---

❶ 生物学家爱德华·威尔逊用这个术语描述对自然景观的天然偏好。

❷ 韦克斯勒（1998）、汤普森和斯坦纳（1997）、霍夫（1995）、康登（2010）、尔蒙德和史密斯（2006）、雷吉斯特（2006）、法尔（2007）和宾利（2004）都描述过将自然融入人类居住地的好处。

以说是如何生存于地球的密码。你会发现地球上的每一个小环境都是多样化和富有弹性的，扎根于其内部的各个生命体，它们都会自我调整和相互依赖地去适应当地环境。生命体依赖当地的水和阳光条件，在生命循环过程中无止境地探索且不断进化着去适应环境的变迁。”[1]“进化的集合”会让某些解决方案重复显现，例如人类的“相机眼”、章鱼和墨鱼；同样地，在建成环境中一些元素也在循环出现着，如街道界面、多功能建筑（混合使用）、多用途街道和建筑前廊等。

我们知道19世纪达尔文的进化论认为进化会产生最适宜的设计（线性发展），也知道热力作用会产生热平衡。然而，优质城市主义却有着截然不同的观点，它认为只要有足够的能量流和组成要素之间的相互作用，一个城市系统则将永远处于稳定状态之间的过渡期（分歧阶段），是一种非线性的发展（受反馈作用影响）[2]。因此，城市没有“最适宜的设计”和“热平衡”，而是以许多和谐共处的形态（静态的、周期性的和偶发的）处于永恒变化之中（兰达1998）。所以优质城市主义的目标并非要追求一个稳定的完美状态（或乌托邦），而是在深知这些场所仍将会不断变化的情况下，创造有趣和舒适的场所。

古往今来，将生态、建筑和文化融汇于一体的案例并不罕见，其中包括：强调城市和建筑需要“呼吸”的中国风水学和印度吠陀时期的建筑学；认为建筑是自然的一部分的印第安文化；认为城市是有生命和灵魂的文艺复兴思想（肯达1998）；20世纪早期，认为城市是一个有机体的芝加哥大学城市生态学；霍华德的“田园城市”；美国区域规划协会对创造最好城市和乡间所作的努力；刘易斯·芒福德的生物技术学（芒福德1938，1967）[3]；日本新陈代谢主义者热衷的动态设计（左尼斯和勒法伊伍1999）；“建筑电讯团”的“城市综合体”理念；以及盖亚的假设，即地球是一个由各等级和各层面相互关联而构成的生命有机体（由英国化学家詹姆斯·拉夫洛克在1969年进一步研究）。

包括阿尔多·凡·爱克、弗兰克·劳埃德·赖特和尼古拉斯·佩夫斯纳在内的许多20世纪中期建筑师都认为要加强室内外空间的联系；巴克明斯特·富勒提出能让建筑适应环境变化的智能薄膜；景观建筑师伊恩·麦克哈格出版了广为人知的《设计结合自然》一书（麦克哈格1969）。近年来对设计结合自然的理论研究有《景观生态学》（福尔曼和戈登1986，福尔曼1995），

---

[1] 吉姆·福涅尔（1999）简单指出：“自然界有着最基本的化学解决方案，早在几百万年以前就有了，而且基本上从那以后就没有变过。在不断变化的组合和更加复杂的系统中都能使用这个几百万年前就产生的、最基本的生物化学解决方案。”

[2] 如海亚·普里高津在1960年代所阐述的。

[3] 刘易斯·芒福德从《城市的文化》（1938）就开始提到生物技术，并在后来做了进一步描述（1967-1970）。全文如下：“我们若想阻止大规模技术进一步控制和改变人类文化的方方面面，只能借助于一个完全不同的模式，它并非扎根于机械，而是根源于生物体和有机混合物……一旦以有机模式为目标，迈向经济繁荣的工作就不再需要人类过多地依赖于机械，而是进一步发展人类无可限量的、能实现自我和提升自我的潜能，从而收回他们对于机械过多的投入……一个有机系统正好与机械相反，它追求品质上的丰盛和广博，且不受数量压力和拥挤的限制，因为自我规范、自我调整和自我推进正如营养物、再生性、成长性和修复性一样，都是一个有机系统的内在品质。主观或客观存在的平衡性、完整性、完成性、连续性相互作用于有机模式内外；建立在这种模式上的经济通常被称为繁荣经济。”（芒福德1967-1970）

《从摇篮到摇篮》（麦克唐纳和包伦哥尔特 2002，2003）[1]，《景观城市主义》（库尔内尔 1999，瓦尔德海姆 2006），以及《生态的城市主义》（莫斯塔法伊 2010）等，它们都致力于让人们再次关注将生态景观和城市结合。[2]

在过去，技术似乎总在和自然搏斗，有时甚至让人类离自然越来越远。但今天的技术正在致力于加强人类居住地和自然环境之间的关系。优质城市主义认为这不是一场斗争，或需要在“城市作为有机体”抑或“城市作为机器”之间作抉择（见艾琳 1999）。随着交通、通讯和信息技术正在以无法逆转的方式改变着空间和时间之间的关系，或许再无可能，也没有必要将“有机体”和“机器”清楚地区分开来，因为我们自己也正在逐渐变成半机器人。有些人身体的某部分是机器，比如心脏起搏器和假肢；有些人依赖于助听器、胰岛素监控器或其他设备；还有其他一些技术辅助设备（生物工程）等。从智能手机、电脑，到汽车和公共交通等，我们的生活离不开机器设备。

事实上，当下许多技术正在努力模拟和结合自然。我们现在可以用计算机展示波浪、折叠、起伏、旋转和扭曲等，为由来已久的佛教、道教、罗马主义，以及为科学家爱因斯坦、数学家怀特海等人提出的宇宙观（量子学说）等不同世界观提供一个展现这些“高深秩序”的超理性方式。除了展现经典几何学（欧几里得）的理想形状外，现在计算机也能呈现自然界中发现的“anexact”（类似自我，非等同自我）的形状，它们亦被描述为时间和空间的不规则碎片形和液体 / 地形几何”。有意思的是，生态系统中通过反馈而作自我调整并非是一个新的概念，只是得益于计算机的图像渲染功能现在才被广为人知。

社会媒体和计算机联合技术让我们能够用以动态的方式来设计和呈现建筑和城市，将人为的和自然发生的过程和产品融合。另外，采用“蜂窝设计”和与时俱进的公共参与方式让更多人可以参与进来（见第四章 BIM 风暴和 Onuma 系统的案例研究）。在协助设计过程的同时，技术的无所不在性和移动性也在促进着更多有机和灵活的交流方式，同时影响着城市的布局。[3]

我们才刚刚开始认识到技术在图像化最佳可能性、分享愿景、联合创作、建立自我调整反馈机制、快速样本化以及不同学科间的协调和合作等方面的潜能。这些方法和我们从自然中学习到的知识一样，都是我们在通往繁荣道路上的良师益友。

---

[1] 麦克唐纳和包伦哥尔特（2003）主张：“与其卑躬屈膝地从服于自然，我们倒不如善用人类的创造力和地球的丰富性，用设计去创造人和自然双方都获利的关系。”

[2] 尤其是《景观城市主义》，对有创意的修复棕地和公园设计做出了贡献。然而，它忽略了设计在社会和体验方面的考虑——平等性、可及性、舒适度和健康等，在加强人与土地之间联系方面不是很成功。而且，相关领域——尤其是城市规划和城市设计——也没有很好地利用这些成果。

[3] 集体智慧研究机构（2012）表示这些启示甚至更加深远：“互联网、社会媒体和合作技术（社交工具和社区工具）的崛起，催化了人类历史上从未出现过的全新社会形态。尽管这个转变才刚刚开始，但我们可以明显注意到它分散着结构。它建立在许许多多且很精确的自我组织模式上，通过网上的社会媒介相互连接，它是更有弹性的，比以前出现的任何事物都更善于学习和调整。这些新的分散后的结构是……我们人类的原始集体智慧（小组、村庄、部落、团队……）和金字塔形的集体智慧（中型和大型组织——政府、军队、企业、学校、大学、宗教机构等）的进化体。”

案例研究：西雅图开放空间 2100

地点：西雅图大都会区

主要参与者：景观建筑师南希·洛特勒和布莱斯·玛丽曼

主题：流、低、当地、城市中的自然、相互连接的开放空间系统、城市和区域的网络模型、基础设施的改造再利用、适宜步行性和适宜骑自行车性、联合团队、与业主联合创造、社区参与、关于城市主义的对话

案例研究由南·艾琳 和珍妮弗·约翰逊共同执笔

在 1903 年，景观建筑师约翰·查尔斯·奥姆斯特德（弗雷德里克·劳·奥姆斯特德的外甥兼养子）受委托为西雅图的城市公园和林荫大道设计一个总体方案，为一个将发展到 50 万人口的城市提供绿地空间（图 5.1）。西雅图早在 20 世纪 50 年代，人口就达到了那个规模，到 2000 年时超过了 60 万。和大多数美国城市一样，西雅图的城市发展是蔓延式的。

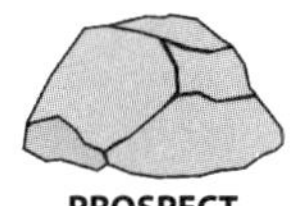

为了阻止继续蔓延，从 2002 年开始，西雅图市长格雷格·尼克尔雄心勃勃地鼓励在核心区增加开发强度，但这个策略没有将开放空间和自然融入城市中。在 2005 年，当景观建筑师南希·洛特勒和布莱斯·玛丽曼开展多个社区规划项目时，遇到了为下世纪高密度人口提供一个开放空间系统的难题。洛特勒（2011b）说："我们看到了解决这个问题的可能性，同时这也将是给我们学生最好的一课"。

洛特勒和玛丽曼一边解读一百年前的奥姆斯特德规划，一边积极启动"西雅图开放空间 2100"项目。他们赋予下个世纪这样的愿景："一个由公园、市民广场、街道、步道、海岸线和城市森林组成的综合网络，它将绑紧社区之间的联系、创造城市内从山脊到海岸线的廊道，以及确保全民共享的健康绿色空间"（西雅图开放空间 2011b）。洛特勒和玛丽曼说："这个让绿色基础设施再生的愿景致力于创造一个健康、美丽的西雅图，同时最大化经济、社会和生态的可持续性"（美国景观建筑师协会 2007）。

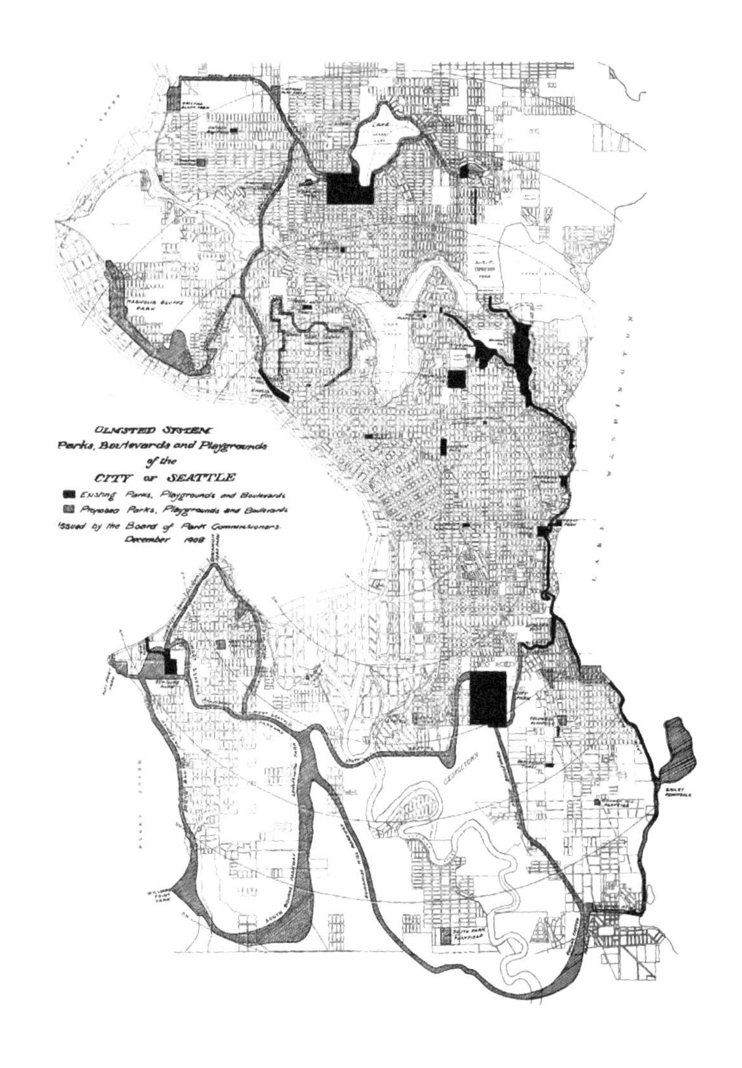

图5.1 约翰·查尔斯·奥姆斯特德的西雅图规划，1903年
（图片来源：西雅图公园和娱乐局，以及西雅图奥姆斯特德公园之友）

洛特勒和玛丽曼在完成“个人憧憬”之后，随即开始了“集体憧憬”阶段。为了让更多人知道这个开放空间方案并获取其反馈意见，他们组织了一系列课程，一千多人参与了其中。受“群山到南绿廊信托会”成功编织了一条跨越大区域绿带的启发，洛特勒和玛丽曼借鉴了其组织架构——高层管理带领“一支我们所能想到的尽可能多元化的联合团队”（洛特勒 2011b）。他们拜访了无以计数的利益相关者们，并形成了一支由五十几个组织构成的智囊团，然后建立了开放空间的八条原则。

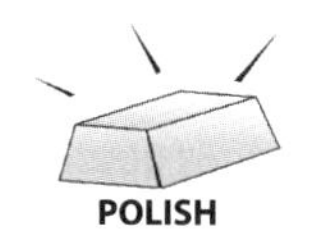

开放空间的八条原则

1. 区位责任

将西雅图定位为生态、经济和文化的交叉口；西雅图位于世界最知名的入海口之一和两座巨大山脉之间；是两条大江（雪松河和格林 / 都瓦密什河）的重要门户；城市与海洋、江河有着密不可分的联系。

2. 集成化和多功能

整合类型多元的开放空间为一个统一、协调的系统，这些开放空间涉及街道、溪流、公园、居住地、城市森林、步道、排水沟、海岸线、视线廊道、商业和市民空间，以及后院和建筑等；考虑绿色空间的多功能使用以创造高性能、高价值的开放空间。

3. 公平性和可达性

任何人都能平等地使用开放空间网络内的各类户外和娱乐设施；根据人口数量在各个社区中布置适宜的开放空间类型；滨水空间应优先让公众使用。

4. 连接性 / 一致性

创造一个联系完整的步行 / 自行车网络，用连接性来改善城市，将不同的社区连接在一起，并且要清晰易读；将这些城市内的网络连接到周边的居住区、步道和公共用地。

5. 品质、美观、个性和根源

利用西雅图诸多的自然优势创造一个经典的开放空间系统；善用城市内在的自然和文化；解读当地的地理、生态、美学和文化背景并作相应回应；解决人们的情感和精神需求；鼓励人们与场所建立深度联系。

6. 生态功能和完整性

扩大城市内自然系统的数量并提高其品质：为所有适宜的生物种类提供高品质的栖息地，尤其针对滨水地带；设计水文健康（水温、水质、水流、雨水）并考虑合理的节水、节能策略；连接到区域生态系统中，以实现生态系统的完整性、弹性和生态多样性，从而应对气候变化。

7. 健康和安全

让城市持续作为人们安居乐业的场所；减少自然灾害（滑坡、洪水、地震、土壤和水污染等），治理和恢复原先受污的土地；提供各类活动健身场所，让人们的生活拥抱大自然。

8. 可行性、灵活性和管理制度

在设想远大的同时，方案也必须是长久且可行的，要设置近期实施策略，其中包括一个让公共和私人投资在每一阶段都有所收获并且随时能够调整的机制（例如法规、基金和刺激政策等）；它必须能启发公共机构、私人企业和个体市民去共同分担管理职责，一起培育令他们引以为傲的场所。

除了这八项原则外，智囊团在 2006 年也为绿色未来研讨会设定了一系列目标，并帮助其获得了赞助资金。当洛特勒和玛丽曼与华盛顿大学的学生们引导智囊团做憧憬时，将西雅图市分成几大块。他们没有按照传统的法制管辖区来分，而是根据水体和地形将城市分成多个流水区。学生们通过地理信息系统的数据、历史先例研究和当地知识，分析了每个流水区，并为其分别建立清单目录。最后制成的地图"展现了有关的空间信息……，包括现状公园和开放空间、明沟和暗渠、计划中的城市发展区、设计的交通、自行车和步行路径、土地利用，以及地震带和陡坡等灾害区等"（ASLA2007）。学生们还汇编了一本《绿色未来手册》，它涵盖十六个案例研究和"一个由 23 种开放空间类型组成的类型学解说，以及一个执行机制目录"（ASLA2007）。这些资料可以在西雅图开放空间网站找到（http: //www.open2100.org）。

一共有 350 多名社区成员参与了历时两天的设计研讨会。研讨会分成 23 支跨学科的团队，每支团队都包括设计师、学生和社区成员，另外还有专家们辅助所有团队。由于参与者们分到的地块是流水区，所以自然地理界线就削弱了现有的法制管辖区概念。这个方法有效地消除了社区之间为争夺改善己方开放空间赞助而引起的纷争，避免了混乱的社区规划，也防止了无法实现开放空间系统最基本的连接性需求。

团队在了解了每个区域，制定了未来设想和《绿色未来手册》之后，"为下个世纪畅想了宜居、健康的城市流水区和社区"（西雅图开放空间 2011a）。联合整体成员的力量，团队推出一项名为"生活的格局：一个流水区网络"的提案，为西雅图的绿地系统创造了一个长期愿景（ASLA2007）。

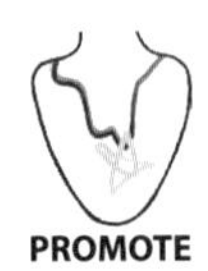

然后，学生们"用统一标准和图示将各个流水区的方案转化输入到地理信息系统数据库中，并将 18 个流水区汇总，形成整个城市的 20 年规划和

100年规划”（ASLA 2007）。他们还“通过方案分析，找出潜在的各个等级的步行道和自行车道”（ASLA 2007）。为了与更多人分享这个分析成果，他们制作了一本230页的名为《憧憬西雅图的绿色未来：来自绿色未来研讨会的愿景和策略》的报告文本。这个文本和《执行陈述书》一起，把项目从憧憬和概念阶段推进到宣传、接受、集资和招募阶段。（http://depts.washington.edu/open2100/book/book.conclusion.pdf）

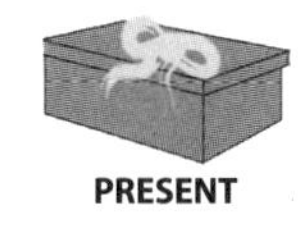

“生活的格局”方案和“八项开放空间原则”与“被正式纳入了城市的未来规划方向”（ASLA 2007），并且城市已经在“为投资改善项目（CIP）采用一个可持续的基础设施方案、整合各部门的项目，以及将社会和环境效益纳入这些项目管理中”作努力。“西雅图开放空间”已经推动一项针对绿色基础设施的规范编制，旨在将开放空间的花费优先投资在收集雨水用于粮食灌溉、渗透性铺地、绿色屋顶装置、本土和抗旱植栽以及树木保护等方面的实施上（http: www.seattle.gov/dpd/permits/greenfactor/Overview/）（罗特勒2011a，ASLA2007）。这个过程说明了设计师能够影响政策制定和帮助公共参与，同时，这个过程也催生了“一个长期致力于宣传西雅图开放空间的联盟”（ASLA 2007）。

“西雅图开放空间”项目在“集体憧憬”和“场所憧憬”过程的持续作用下，围绕四个主题制定了“17条能应用于所有城市的开放空间策略”。这些主题分别是：创造一个整合的绿色基础设施网络；提倡以生态为本的开放空间；平衡开发强度和社区；以及提供公众可及的通道和功能（ASLA 2007）。西雅图的最佳实践树立了典范，制定了可被广泛应用的策略，催生并推动了一些其他城市的绿色基础设施项目，其中包括波特兰、芝加哥、威奇托、华盛顿、旧金山、伦敦和日本的神户市等。

在2008年，西雅图开放空间项目的联盟成员提议通过税收为公园和绿色空间集资14500万美金，但当时的市长尼克尔公然反对这个提案（巴尼特 2009）。这项税收提案最终以59%的支持率获得通过（http://www.seattle.gov/parks/levy），而尼克尔在2009年的继任选举中败北于迈克·麦金，后者是一名律师和环境保护主义者，更是西雅图开放空间项目的主要推动者之一（威尔奇 2010，洛特勒 2011b）。

图5.2 哈伯德宅基地公园
（图片来源：米瑟/胡安·埃尔南德斯）

图5.3 哈伯德宅基地公园
（图片来源：米瑟/胡安·埃尔南德斯）

截止到2012年，该基金在六年间已经赞助了二十几个项目的设计和建造，另外还有二十个在计划之中，这些项目包括公园、林荫道、城市农场、街道变公园的转变、绿色基础设施、森林和栖息地，以及户外活动场地等(图5.2和图5.3)。有关“公园和绿色空间税收计划”的详细内容和更新可浏览网站www.seatle.gov/parks/levy/deveopment.htm。

回到1903年，约翰·查尔斯·奥姆斯特德是这样描述西雅图的：“我不知道哪里还有比西雅图更适合建造公园的地方。这里可以建造非常引人入胜的公园，它们将会让西雅图举世闻名”(米拉迪 2003)。受益于“西雅图开放空间2100”这个扎根于奥姆斯特德理念之上的项目，西雅图继续引领着当代的绿色基础设施发展。

案例研究：CEDAR 方法

地点：犹他州的胡珀镇

主要参与者：萨姆纳·斯万内尔和胡珀镇的居民们

主题：慢、流、低、当地、城市中的自然、相互连接的开放空间体系，与利益相关者联合开发、社区参与、关于城市主义的对话

案例研究由珍妮弗·约翰逊执笔

位于犹他州北部的小镇胡珀仅用了 45 天的时间就完成了对一个开放空间的保护过程（斯万内尔 2011），它是如何做到的呢？用景观建筑师萨姆纳·斯万内尔简明扼要的话说："我把他们变成了设计师"。胡珀镇的开放空间愿景规划汇集了大量公众意见，方案包含一条 34 英里长的自行车和步行路径以及一条 17 英里长的骑马道（憧憬犹他 2011c）。

胡珀镇地处大盐湖畔，覆盖面积约 12 平方英里。2000 年该市人口约 4000 人，但六年后人口几乎翻了一倍。在 2004 年，胡珀镇的领导们决心要为未来居民提供更多开放空间，让他们更好地享受大自然，因此喊出一个口号："保留我们的过去，保护我们的现在，准备我们的未来"（胡珀镇 2011）。他们聘请了犹他原住民萨姆纳·斯万内尔来执导这个项目，斯万内尔是一名环境规划师、景观建筑师和具备野生生物生态学背景的开发者[1]。

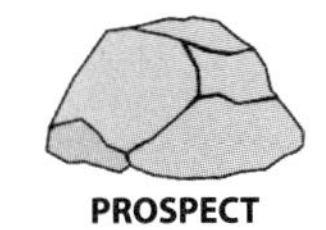

斯万内尔认为绝大多数过程繁琐的开放空间规划让公众很困惑，因此他有意回避过多的设计研讨会，只举办了两次时长几小时的公众参与会议。期间他让社区成员们定义自己所处区域的开放空间类型，并帮助他们理解如何去实施"保护型开发"。"保护型开发"的设计过程涉及四个步骤，它优先考虑社区的"绿肺"，即开放空间，这与"工程规划师在设计时优先考虑道路正好相反"（斯万内尔 2011）。

斯万内尔（2011）说："人们需要看到一条能够通往成功的道路，才会觉得他们的参与是有意义的。"斯万内尔的公众参与会议采用了他发明的

[1] 在 2002 年南非约翰内斯堡举行的联合国关于可持续发展的峰会上，以及作为黄金地产斯万内尔家族信托在犹他州的峰会县投资的一个占地一千英亩的斯万内尔生态中心（http: //www.swanerecocenter.org）的领军人物，斯万内尔作为一名生态一慈善家，致力于改善他认为在这个国家中严重受损的开放空间。

CEDAR 方法，这个词代表着一个场所在文化（cultural）、生态（ecological）、发展（developmental）、农业（agricultural）和娱乐（recreational）方面的五个要素[1]，是他从业 30 年来与 1000 多名社区领导者共同工作研究所得的结晶。

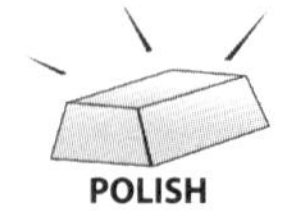

斯万内尔将 CEDAR 方法解释为“诱取真相”的过程（斯万内尔 2011）。他先在大屏幕上展示航拍图，让大家认清自己社区的现状开放空间，同时每位参与者手上都有一份地图，可以在上面按照 CEDAR 指定的要素描绘空间形态。根据这些指定的要素，他们共同完成了一张开放空间网络图。随后，参与者们要考虑未来 30 年的人口增长和城市发展，再在这张图上画出他们认为理想的开放空间地点。斯万内尔解释道（2011）:“过程与顺序对于帮助人们思考和理解开放空间是非常重要的”。

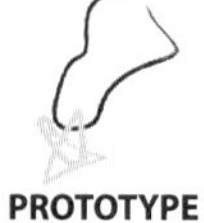

公众参与到此完成了第一部分，然后斯万内尔和他的团队用几个小时整理合成了地图，用列表的形式记录下一些共同意见，这些内容将被“用于指导开放空间目标的修改”（斯万内尔 2011）。团队根据这张社区共同完成的开放空间保护方案图，进行了规范修编。然后在第二部分的公众参与中，获取了公众对这张合成图和修改后的规范的反馈意见，再次优化之后将它们纳入法定文件。如果说地理信息系统凭其严谨性和精确性是“真理”一般的存在，那么 CEDAR 就恰恰相反，斯万内尔描述它为“一个热情友善、非常模糊、定性的做事方法。”他认为对像胡珀镇这样的小型社区，地理信息系统是可望而不可及的，因为“它对保护开放空间而言过于昂贵。”相反，CEDAR 是“低价的、可及的和可参与的”，为“开放空间规划”增添了“一层朴素”（斯万内尔 2011）。

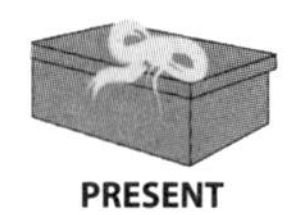

在 2004 年，“犹他品质发展委员会”（“憧憬犹他”的组织者，见本章前面）认为“胡珀镇公园和步道总体规划”是一个“高品质发展”的典范。胡珀镇的人口从 2000～2010 年增长了 83.9%，该市的中产阶级收入也比同县的平均水平高出 30%，由此更加说明胡珀镇是一个理想的居住小镇，而这个小镇的未来得益于居民们的共同设计。

---

[1] 更多细节见 http: //greeninfrastructuredesign.org/media/document/cedar-explained.pdf.

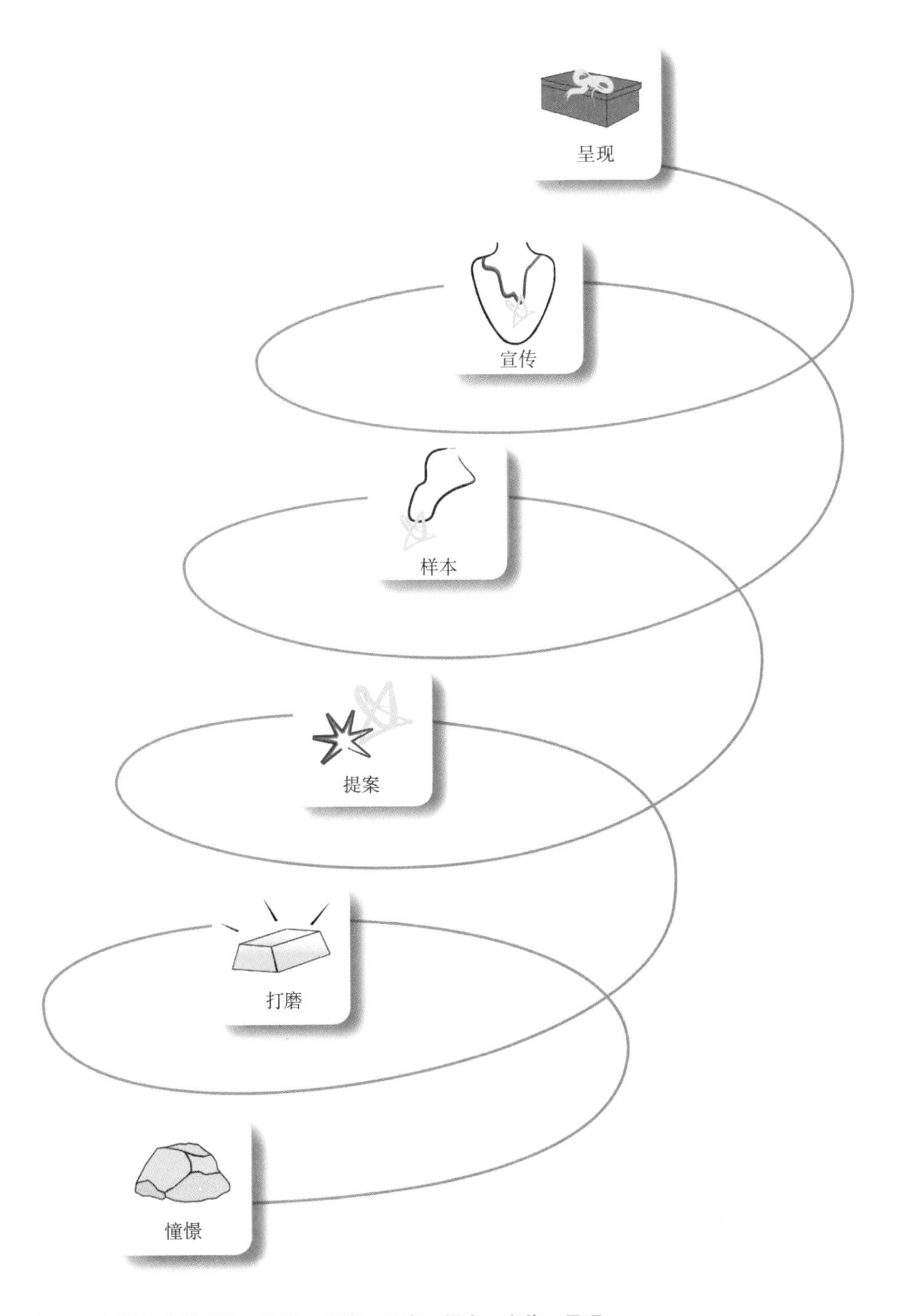

彩图1　通往繁荣的道路：憧憬→打磨→提案→样本→宣传→呈现

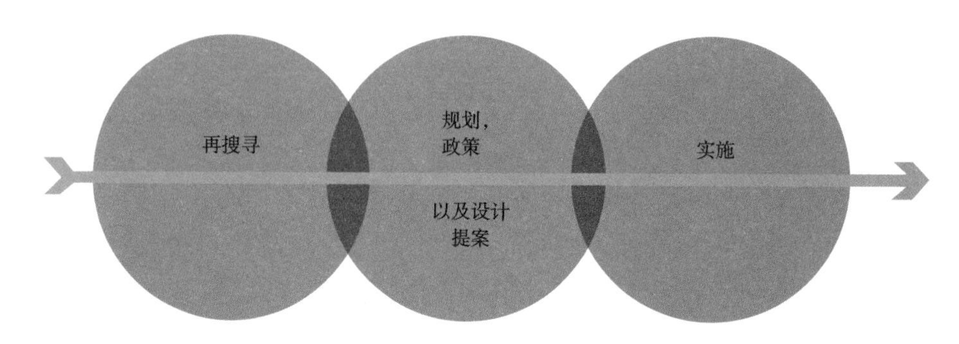

彩图2 传统途径

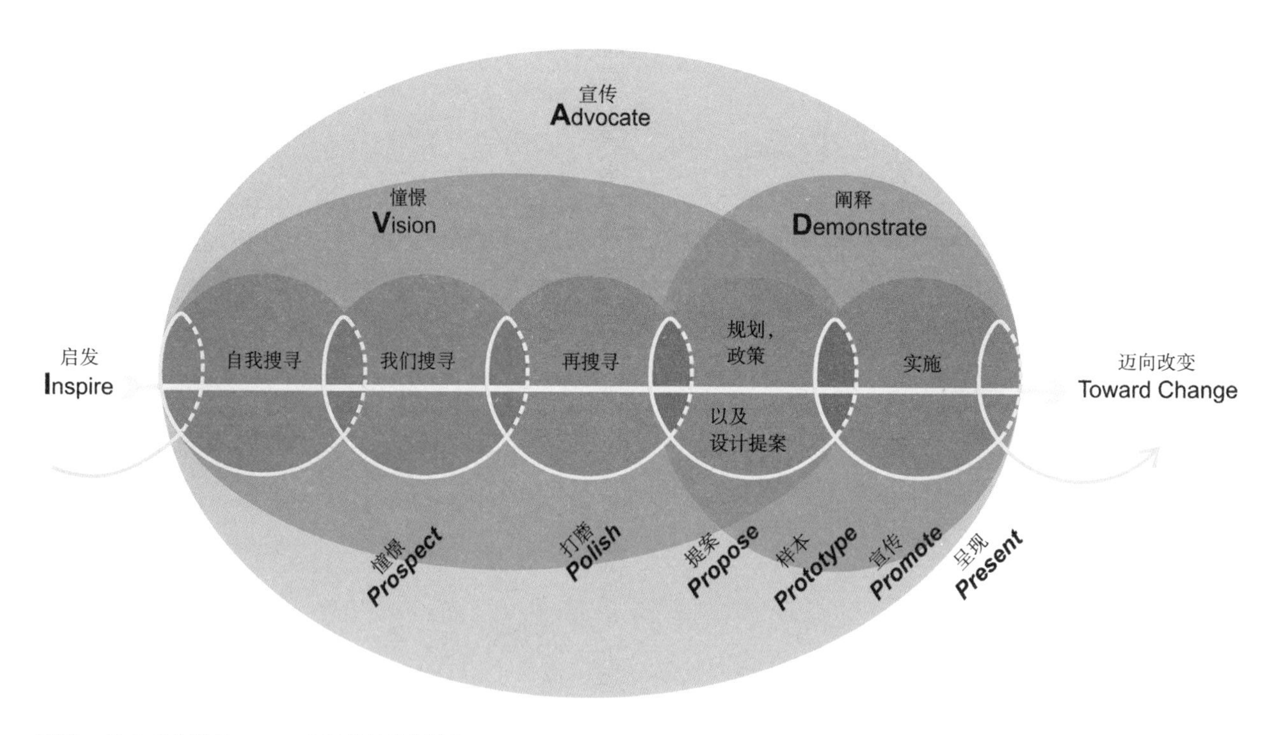

彩图3 改良后的途径：VIDA和通往繁荣的道路

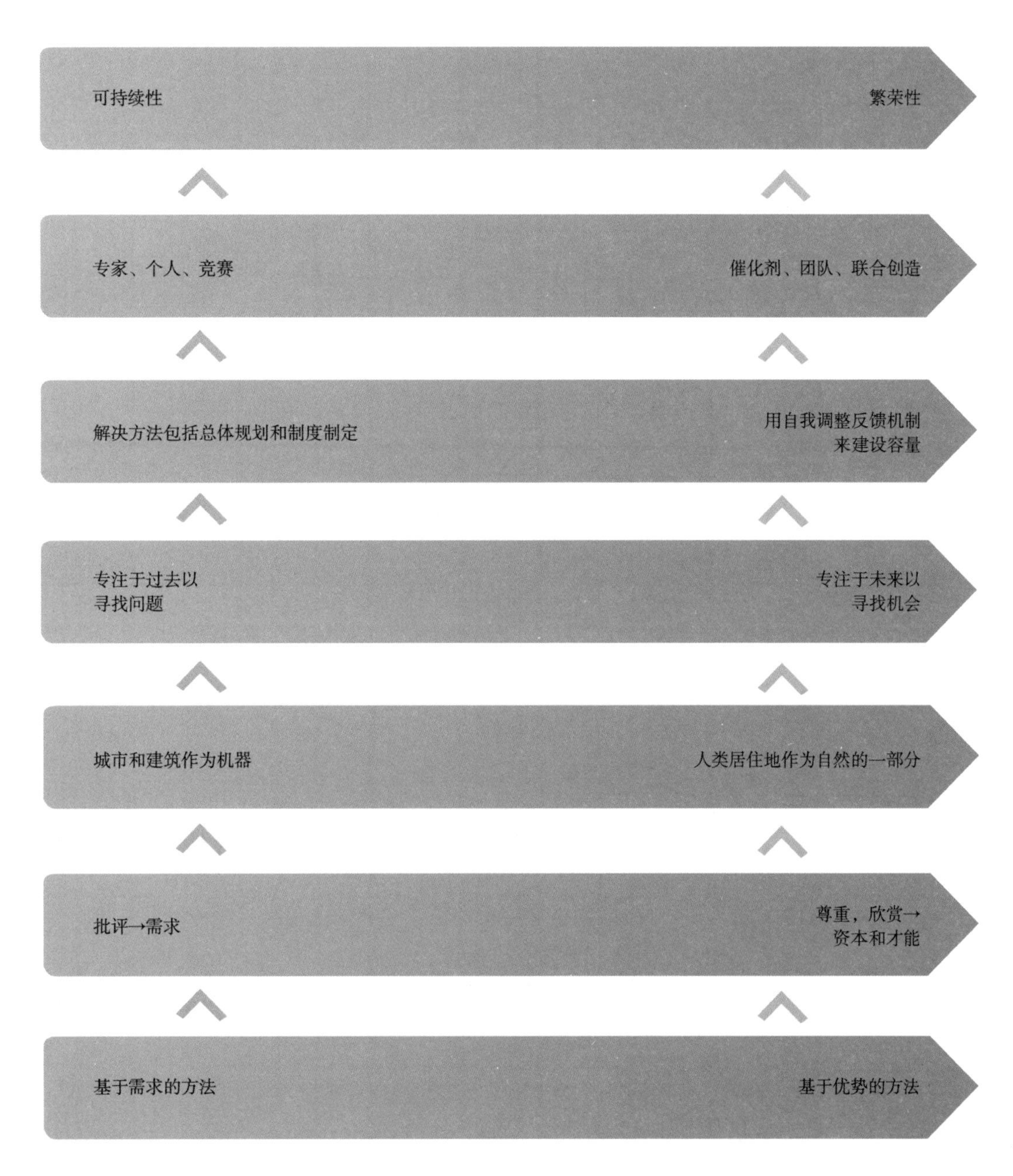

彩图4　城市主义从可持续性到迈向繁荣的转变

彩图5　高线公园，由詹姆斯·库内尔野外作业、建筑事务所迪勒·斯考菲迪奥+伦弗洛和植栽设计师皮特·奥多尔夫设计
（图片提供：默瑟县的主园丁）

彩图6　高线公园，由詹姆斯·库内尔野外作业、建筑事务所迪勒·斯考菲迪奥+伦弗洛和植栽设计师皮特·奥多尔夫设计
（图片提供：默瑟县的主园丁）

彩图7　第十六街印第安学校路的现状
（图片提供：延斯・科尔布）

彩图8　由延斯・科尔布设计的这块场地的运河景观方案

彩图9　由布拉登・凯、劳里・伦德奎斯特和马克斯韦尔・奥黛丽设计的悬浮公园
（图片提供：凯、伦德奎斯特和奥黛丽）

彩图10 “再爱我一次”，位于阿拉斯加州的费而班城
（图片来源：市民中心）

彩图11 张凯蒂正在喷字模
（图片来源：市民中心）

彩图12　前廊景观
（图片来源：UACDC）

彩图13　共享街道与前廊景观的结合
（图片来源：UACDC）

彩图14 马斯洛的等级需求图（1943）

彩图15 优势等级图

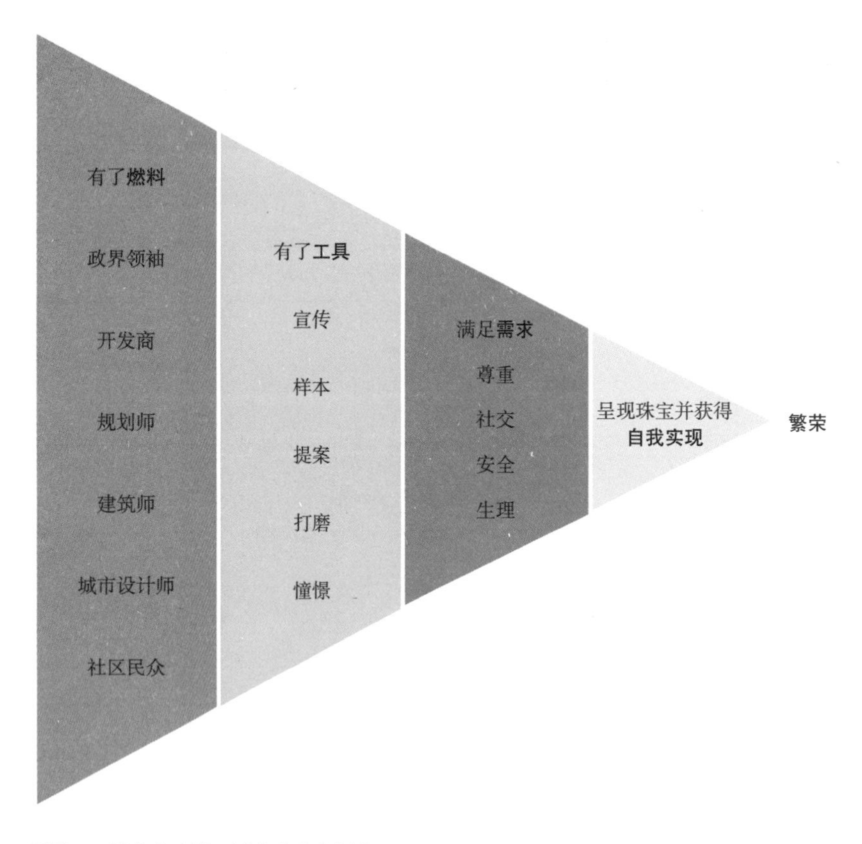

彩图16 繁荣金字塔：城市主义之侧步

案例研究：阿肯色大学社区设计中心

地点：阿肯色

主要参与者：斯蒂芬·洛尼，杰夫·胡贝尔，科里·阿莫斯和彼得·贝德纳

主题：慢、流、低、当地、城市中的自然、相互连接的自然空间系统、建筑和基础设施的改造再利用、以公交为导向的开发、适宜步行性和适宜骑自行车性、联合团队、与业主联合创造、社区参与

案例研究由珍妮弗·约翰逊和南·艾琳共同执笔

“重组体”（recombinant）这个词用于描绘多种物质来源的混合事物。阿肯色大学社区设计中心（UACDC）（http://uacdc.uark.edu）引用了这个词，开发出一个“重组体设计方案”，它混合了城市设计、生态规划、建筑和景观设计。UACDC作为阿肯色大学费伊·琼斯建筑系的外展部，专门为阿肯色的社区事务提供设计观点，同时“将它们推向全国”（UACDC 2011b）。

这个设计中心成立于1995年，迄今为止已经有30多位来自阿肯色州内的客户得到了它的帮助，目前其主要成员包括建筑师斯蒂芬·洛尼（总监）、杰夫·胡贝尔和科里·阿莫斯，以及其他合作团队。[1]UACDC的项目跨度很大，包括把废弃的铁路转变成以公交为导向的开发、滨水地区的土地整合（“流水区城市主义”）、翻新高速公路为高品质开放空间，以及连接郊区的商业中心尤其是位于本顿维尔市（靠近阿肯色大学所在的费耶特维尔市 ）的沃尔玛总部等。洛尼（2011）说：“得益于大学基金的赞助，我们能够替那些无人声援的建成环境做一些事情，替它们发声就是我们的责任。”

在2009年，该中心与“人类栖息地组织”合作，为一块占地10英亩、有43个居住单元的社区做了规划。规划旨在“施展”低影响开发，减少对地下水危害最大的不定源污染或“人为污染”（UACDC 2009,6）。这个名为“门廊景观：在社区的流水和住宅之间”的提案提出：街道设计应摒弃传统的

[1] 彼得·贝德纳最近离开了UACDC前往上海的马达思班（Mada Spam）建筑事务所从事城市设计工作。UACDC的联合创办者包括阿肯色大学生物和农业工程学院、商务和经济研究中心、阿肯色州奥杜邦市和阿肯色农业委员会。

雨水管、排水沟和接水池，而应以公共绿道的形式结合雨水收集和再利用，街道两边一层楼高的住宅通过这些公共绿道相连（UACDC 2009，10）（图5.4）。

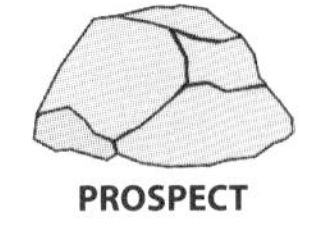

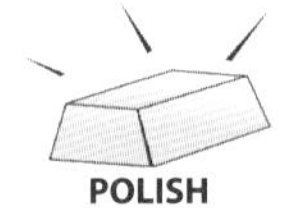

为了实现此举，该中心设计了一个“绿色社区断面：善用位于前廊、后院、街道和开放空间的城市和生态服务设施”（http://uacdc.uark.edu/project.php？ project=40）。其理念就是：街道以“woonerfs”（荷兰语“生活大街”）的形式变身为公园，除交通用途外，也方便停车和聚会（图5.5）。如“前廊景观”所憧憬的那样：“共享街道提供多种社会用途（如交通安全、娱乐性、美观性、防止犯罪和用于聚会等），而且不像传统街道那样忽略环境要素，街道将变成提供生态和城市设施的场所。当这些最基本的问题解决了之后，则意味着实现了可再生的社区基础设施，从而有助于实现下一阶段住房的可负担性”（UACDC 2009，10）。

尽管“前廊景观”未被付诸实施，但它引导UACDC 展开了一系列相关的

图5.4 前廊景观
（图片来源：UACDC）

图5.5 共享街道与前廊景观的结合
（图片来源：UACDC）

项目。该中心意识到“低影响开发”（LID）缺乏清晰、统一的术语标准，于是和大学生物和农业工程部的同事们联合出版了《低影响开发：为阿肯色州纽斯威尔的城市区域所编写的设计手册》（2011）。该手册在美国环境保护组织和阿肯色自然资源委员会的赞助下，通过与生态工程师、建筑师、景观设计师和环境规划师的合作，收录编制了关于低影响开发的专用词汇。手册也可以帮助居民、政府机构和其他各类组织理解什么是低影响开发，从而鼓励更多的人参与到其中。如洛尼所说：“此举的目的是向非专业人士阐述一个单调而复杂的主题，让他们共同努力创造不同于当下的开发”（阿肯色纽斯威尔大学 2011）（图 5.6，图 5.7，图 5.8）。

这则手册售出了将近 5000 本，阿肯色自然资源委员会也印制了 1000 本用作宣传，还有 300 本发放给了阿肯色大学的建筑系学生们。该中心与费耶特维尔市联合将低影响设计纳入城市法规中，使该市成为少数几个对公共道路规定低影响开发的美国城市之一（阿肯色纽斯威尔大学 2011）。

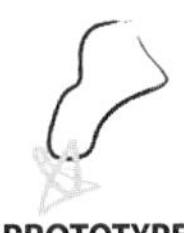

城市作为天然的雨水处理设施。

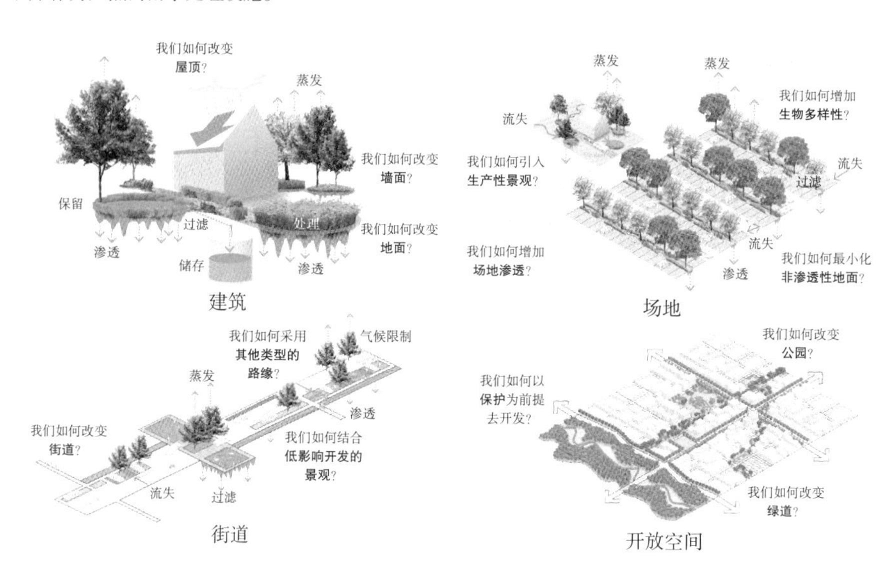

图5.6　城市作为天然的雨水处理设施
（图片来源：UACDC）

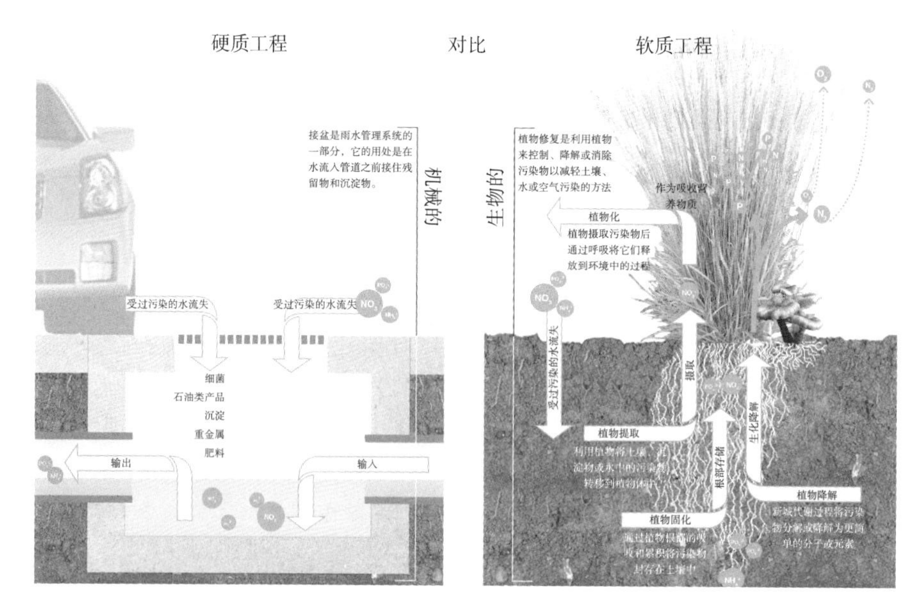

图5.7　硬质工程与软质工程的比较
（图片来源：UACDC）

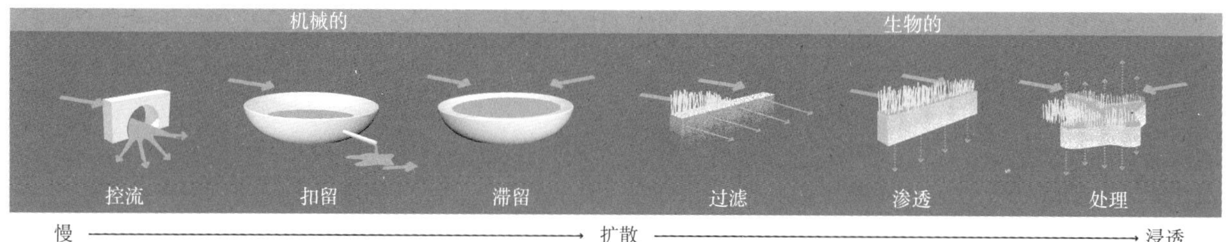

慢 ————————→ 扩散 ————————→ 浸透

控流：控制雨水流失的速度。

扣留：在地下、池塘和一些低洼地区短暂地储存雨水，以减缓高峰流速。

滞留：存储场地上流失的雨水，以让固体悬浮物沉淀

过滤：通过沙石、植物须根系统或人造过滤网等多孔媒介来扣住雨水中的沉淀物。

渗透：雨水流经土壤的竖向流动，补给地下水。

处理：利用植物修复或细菌作用来新陈代谢雨水中的污染物的过程。

图5.8　慢、扩散和浸透
（图片来源：UACDC）

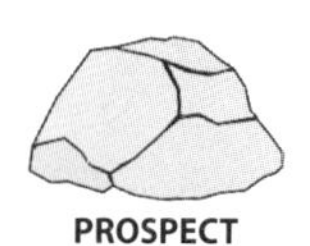

POLISH

为了解决费耶特维尔市周边区域的发展问题，洛尼的直觉告诉他应当唤醒“一条建于1880年代、连接着多个城镇、但现已被弃用的铁路其所拥有的内在城市基因”（洛尼 2011）。他研究了铁路的历史，并对其沿线人口作了预测——到2050年将会翻一番，然后与学生们一起制定了多个规划方案（图5.9）。规划利用已有的基础设施，把以公交为导向的开发（TOD）理念引入历史城镇（图5.10和图5.11），该中心就这项工作出版了《阿肯色西北地区的铁道交通愿景：生活方式和生态性》一书。关于这个案例，洛尼（2011）说：“真正的（公众）参与在这本书发行之后才开始，因为我们提出了问题，才引起了公众关注。”主要得益于这项工作，公共交通和采用智慧发展原则已经成为当下该区域政治对话、包括议会选举拉力赛的热门话题，也对规划组织的工作产生着影响。

目前，该中心正在展开位于“小岩石”主街的两个城市复兴项目。受国家对艺术项目——“我的家乡”的赞助，该中心与马龙布·莱克韦尔建筑事务所合作，要把历史城镇中心的四个街块转变成一条“文化走廊”，将分散在城市中的文化机构和艺术家汇集到这个区域。项目涉及低影响开发、多功

图5.9 现状场地和以公交为导向的开发提议
（图片来源：UACDC）

图5.10　设想一个铁路公交枢纽
（图片来源：UACDC）

图5.11　设想一个以公交为导向的地区
（图片来源：UACDC）

能公交体系、街车系统的扩张、填入式开发和新增道路等。第二个主街项目获得了国家艺术基金的赞助，对颇有历史的由60个街块组成的帕塔威社区进行了整治，该社区位于中央商务区边缘，由独栋式住宅组成。项目试图让该社区做好准备迎接想要搬回城镇的人们。这两个案例的主要挑战都是如何改变目前的商业形态、再次塑造经典的美国城市环境。

那么，该中心的下一个目标是什么呢？他们计划开发一个规划模型，可以更好地理解农业城市主义的潜力和城市设计的新模式，并能解决食品安全和当地供应问题。他们已经向美国环境保护机构递交了提案去研究城市尺度上专注于低影响开发的城市流水区规划。他们也在加利福尼亚州、犹他州和俄勒冈州[1]的感召下，准备启动一个名为“明日的阿肯色”的长期策略性规划（洛尼 2011）。该中心在尊重公众想法的同时，也在不断冲击他们故有的思路，洛尼（2011）说：“我们让人们用非常规的方式去思考，从而让他们变得更容易接受非常规的愿景规划”。

[1] “憧憬加州：规划我们的未来”（http://www.visioncalifornia.org/reports.php）；“憧憬犹他：品质发展策略”（http://www.envisionutah.org/eu_about_eu_qualitygrowthstrategy_main.html）；和“俄勒冈州的规划目标和导则”（http://www.oregon/gov/LCD/docs/goals/compilation_of_statewide_planning_goals.pdf？ga=t）.

第六章 | 城市主义之艺术：实践先驱

"艺术之意义在于丰富生命。"

——威廉姆·莎士比亚（1590）

"城市孕育艺术，而其本身也是艺术；城市创造舞台，而其本身也是舞台。"

——刘易斯·芒福德（1937）

"城市常常被比喻为交响乐或诗歌，我想这种比喻是最恰当不过的：实际上，它们就是同一类东西。城市或许更高级一些，因为它们是自然和人工碰撞的产物……它们既诞生于自然，也需要被人工培育……有些早已存在，还有些仍在酝酿之中；它们是人类伟大的发明。"

——克洛德·列维－施特劳斯

城市是我们的画布，而我们都是城市的画家。人类学家克洛德·列维-施特劳斯认为，只要人们花时间精心塑造城市，它们必将成为伟大的艺术品。我们居住的场所超越了二维和三维艺术，它们是四维的，人类对空间和时间的体验就是第四维。优质城市主义认为，若我们大家携手共建，那么我们的家园就可以成为伟大的艺术品。城市主义之艺术包含了两层涵义：一是指城市作为一件艺术品（产物）；二是指创造城市的艺术（过程）。

我们居住的场所不仅仅是艺术品的集合，更是我们身心健康的必备条件。正如我们吃什么就是什么一样，我们住哪也就是哪，因为我们需要呼吸空气，需要喝水，需要住在自然和人工协调的环境中。我们创造我们的住所，反过来它们也创造着我们。好的场所滋润着我们的健康和灵魂，而坏的环境和城市品质对我们身心都有害。

因此，优质城市主义可以被形容为一门疗伤的艺术。就好似医生们专注于治疗人体，优质城市主义则专注于治愈我们共享的场所。一名优秀的城市主义者能够用“通往繁荣的道路”去加强人和场所之间的联系，从而为场所疗伤。这条途径被简称为 VIDA，对其描述如下。

VIDA：实践优质城市主义

VIDA 在西班牙语中是“生活”的意思，也是憧憬（visioning）、启发（inspiring）、阐释（demonstrating）和宣扬（advocating）这几个词的缩写（艾琳 2010）。它包含着两种观点以反驳当下流行的“从寻找问题开始”的方式：认清事物的能力和对更好未来的憧憬（图 6.1）。要实现这两点必须通过“自我搜寻”、“我们搜寻”和“再搜寻”的过程。“自我搜寻”是指聆听自己的直觉（个人憧憬）[1]；“我们搜寻”是指聆听其他人的意见，并且通过交流建立联系、寻找既有的资本并且思考如何善用它们（集体憧憬）；“再搜寻”是指调查场地历史、搜集其他地方的优秀案例和目前的条件（场所憧憬）。

我们通过“自我搜寻”、“我们搜寻”和“再搜寻”这三个过程，能够想象最佳的可能性（打磨和提案），同时筹集赞助去实现它们。然后借助图片和模型等道具去阐释愿景、启发他人，从而将可能性转变成现实（宣传和样本）。最后，最初的催化剂，也许是某个人或某团体，将项目转交给能够将项目进一步推动的其他人，而他们自己则将转身去催化其他项目（呈现）。

VIDA 的整个过程都会涉及推广，即采用多种适宜的方式和大众分享愿景（宣传）。根据项目具体情况，阐释和宣传或将介入公共论坛、公共学术讨论会、与政府和私人非营利组织的会议等，召集合作伙伴并制定对环境、经济和品质生活影响的长期评估和预测。因为我们必须为我们的项目做广告，如果我们无法详尽且热情地向我们的家人、朋友和同事分享我们的工作，或

[1] “自我搜寻”的概念出自林恩·纳尔逊（2004）。

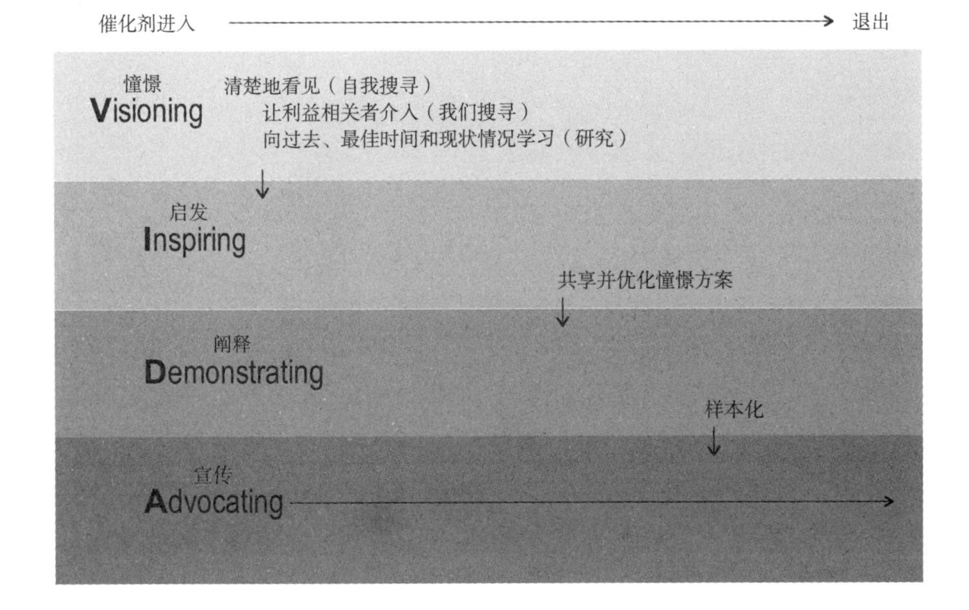

图6.1　VIDA过程：憧憬、启发、阐释和宣传

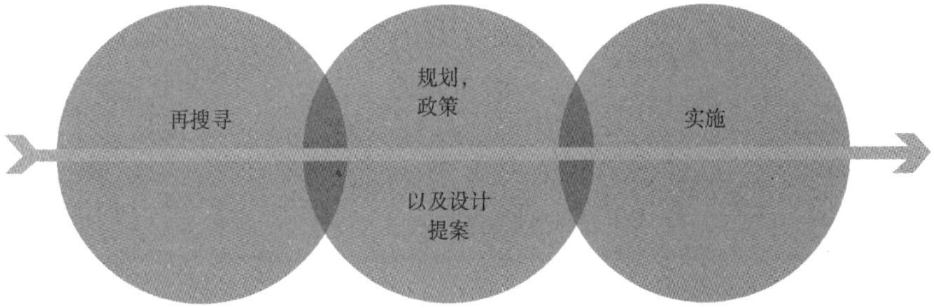

图6.2　传统途径

许就不应该从事这项工作。

传统方法根据最初制定的目标和初步研究来提出方案、策略或设计（图6.2）；优质城市主义实践在传统方法基础之上纳入了憧憬阶段以孕育好的理念，同时善用资源和赞助以实现目标。它在传统方法上添加了“自我搜寻”、“我们搜寻”、憧憬、阐释和宣传的步骤[1]（图6.3），变化虽小，影

[1] 这项方法有些类似奥托斯卡尔梅尔的“U原理”，这里主要用它来强调改善场所的品质。斯卡尔梅尔（2007，467）认为：“向过去学习是基于最平常的学习周期（行动、观察、反馈、规划、行动），向未来之端倪学习是基于存在的过程和实践（等待、转向、放手、欢迎、憧憬、制定、体现）。”

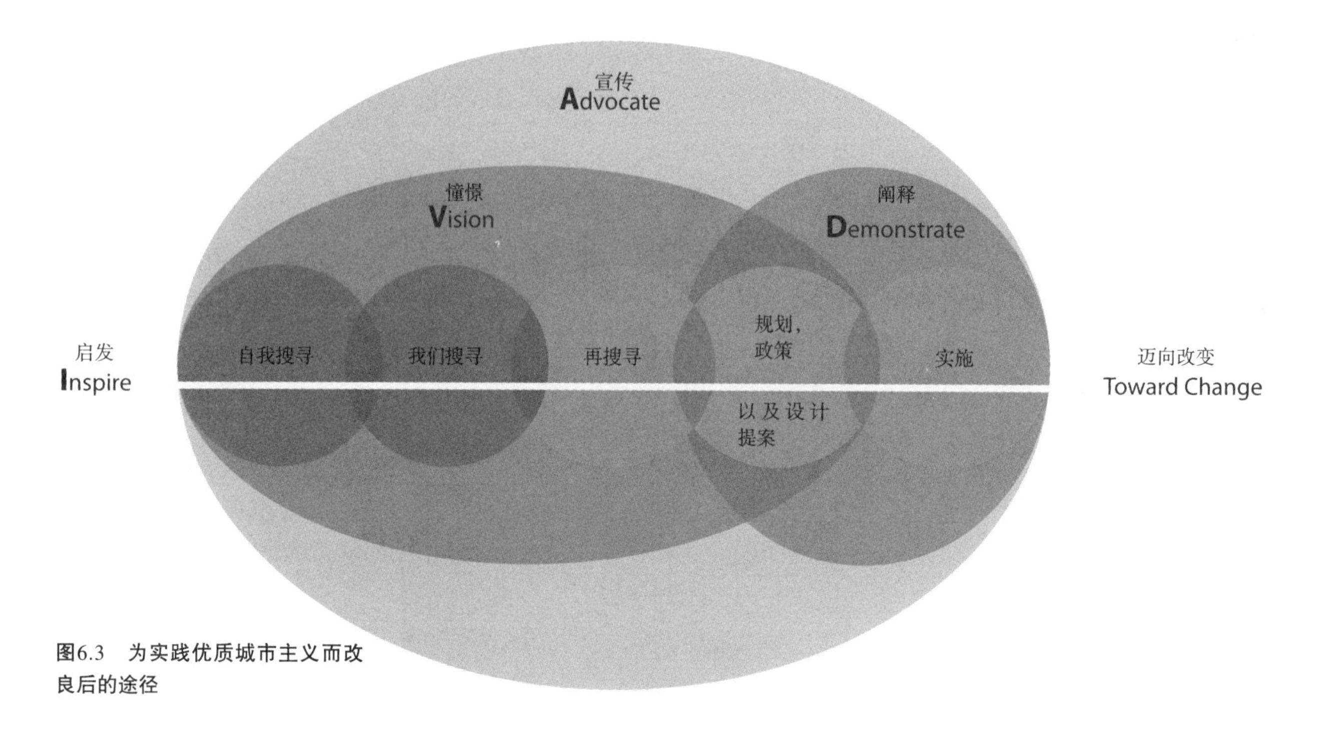

图6.3 为实践优质城市主义而改良后的途径

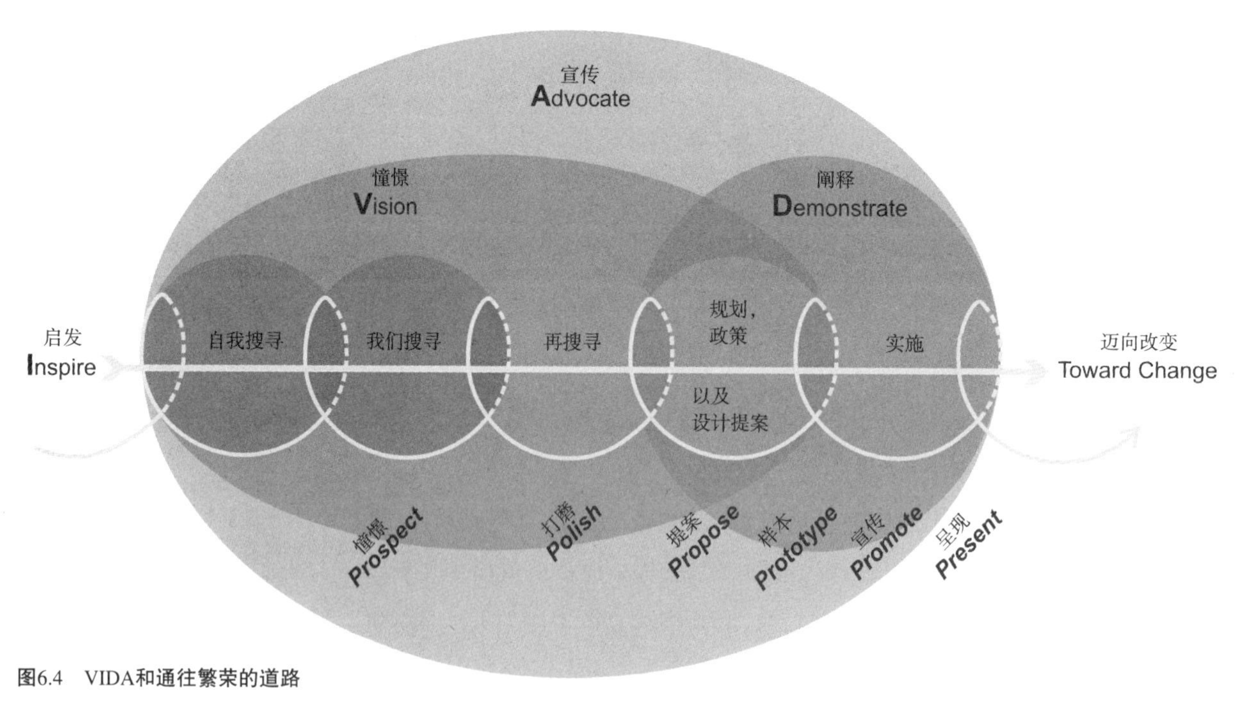

图6.4 VIDA和通往繁荣的道路

响却深远[1]。

如果说“通往繁荣的道路”概念化地描述了优质城市主义，那么VIDA则将它转化成一项行动议程，提供了如何去做的指南。图6.4解释了两者之间的关联性。

实践VIDA的一个关键点在于将理念有效地传达给他人，尤其在启发和宣传的过程中。那么，如何最好地去组织构建呢？

组织构建：热衷于启发

组织：去传达、解释、暗示

构建：组装、制造、建设、创造

人人都知道积极强化总是比消极强化更有效，糖果（鼓励）总是比棒子（惩罚）效果更好。然而“批判主义”却在文学、艺术、建筑、舞蹈、电影、城市和其他多个领域大行其道。虽然批判主义也包括褒奖，但正如其名字所宣称的，其主要意图还是批判。批判总会招来更多的批判，如此恶性循环，很有可能演变成一场你来我往、执意分出胜负的乒乓球比赛，却忘掉了初衷。

说到城市批判主义，我们在城市建设实践的过程中常常会遗忘改善场所的主要目标。我们或许能学到不能做什么，或如何去反击我们的反对者，但很少有要做什么的指导方针，至于学会如何去做那就更为罕见。

我建议在谈论或描述建筑和城市，也就是“组织构建”时，能多用积极的语言，不要用消极的语言。英语作文教授乔治·布劳斯（1997）建议他的学生：“确保你的论文总采用积极论调。消极论调虽然很有诱惑力，但积极论调代表着巨大的进步。例如，一篇关于家暴的论文，与其建议小孩搬出家庭，不如用你的独特观点去写怎样改善家庭环境。要解决问题确实比指出问题难得多，但积极论文的价值要大得多。”

学术研究也与批判主义文学一样，往往只指出哪里做错了（“批判性思考”），却鲜有建议如何去改正它们。例如，许多研究会检验城市发展如何不可持续，或一些好的理念如精明增长或低影响开发如何没有被很好地执行。他们偶尔会有一些只言片语说到如何改善，但通常只是呼吁更多研究去检验问题，且常常暗自窃喜实践者和决策者们没能够做好。学术研究中一个常见

[1] 蒂娜·布拉埃斯是一名研究生同时也是专业规划师，她观察到：“关于VIDA的讨论已经积极影响了我的日常实践，我从未有过这样的期待。从探索问题所在到寻找优势的根本转变，有着我从未想过的功用。寻找优势和机会代表着解放个人的思路，从而取代苦思冥想问题到底出在哪里，它让我们可以毫无顾虑地去思考。从专业来看，这个方法看起来就是把同事们召集在一起让他们讨论或行动。与其等待被谴责或准备好反驳的话，不如做好充分准备参与讨论”（布拉埃斯2010）。科林·特瑞奥特目前是凤凰城市长的可持续方面的顾问，他认为VIDA过程为他的工作提供着“极好的模版”，并描述它为“翻译多种‘语言’和寻找一条释放我们城市、区域和市民集思广益能力的创意之路”（特瑞奥特2012）。

的职业病就是先提出问题，然后做大量研究去弄明白问题的本质，甚至翻遍所有已有的相关论文。然而在许多情况下，最终问题常常不会得到解答，或仅仅在结论章节以好奇的语气被提出，却还是同样呼吁更多研究。这种工作没能将知识转化为行动，去勇敢地向未来迈进；而一味只是在过去的基础上改头换面，重复述说现在的问题。

优质城市主义则恰恰相反，它开始于一个广义（非狭义）的期待目标，比如改善一个场所；然后通过自我搜索、我们搜索和再搜索去优化这个目标；在通往这个目标的途中发现障碍（传统研究的关注点）；但是将精力主要集中在为改善场所提供具体建议上。这些建议很有可能会将遇到的“障碍”冶炼成金。

积极谈论或描写城市主义的论文能够提供对场所现状的理解和其产生原因的认识，界定场所的强项和机会，激励和授权他人去贡献各自的力量，召集民众去憧憬更好的未来，将众人的设想描绘成图，刻画出能号召民众的具体方案，宣扬这些方案并获得支持去实现它们，并且像管家一样监督着整个过程。总而言之，这种谈论或描写城市主义的方法，通过考虑过去、现在和未来的可能而“热衷于启发”。用约瑟夫·普利策的原则具体写出来就是：“把它放在人们面前，他们就会读它，清楚一点他们就会欣赏它，图像化他们就会记住它，最重要的是，准确一些他们才能被正确引导。”

建筑师们在语言沟通上可谓是臭名昭著，他们的话常常让人摸不着头脑。建筑作家诺曼·温斯坦在他的文章“被轻视的建筑基础：口头和书面沟通”（温斯坦 2009b）中指出了这个问题的根源：“建筑是一个为人类关系的展开设计空间的行业，因此，建筑显然要考虑使用者的需求。但仍然很难找到北美哪家建筑学校把这一真理列为教学大纲的主要指导原则。因为许多年轻建筑师们所受的教育是设计驱使而不是以客户为中心的，所以对于成功实践所必需的沟通技巧，尤其是口头交流和社交技能，没能像设计才能般受到重视”（温斯坦 2009b）[1]。

另一方面，一些关注建筑和城市的作者已经在提升我们对居住场所的意识方面作出了重要影响，最知名的包括有爱达·路易丝·胡克斯塔布勒，保罗·戈德伯格，赫伯特马斯卡姆，约翰国王和罗伯特·坎贝尔。雅各布斯在

[1] 温斯坦（2009b）写道：“这个问题一方面是由于大众媒体上的明星建筑师们是奇迹制造者、标志生产者——但他们耀眼夺目的建筑毫无忌惮周边环境时也意味着他们鲜少是公众关系的建立者；而另一方面，建筑方案多用图像展示也在某种程度上宣告建筑师们不是普通人，或者建筑师们只会围着电脑工作……或许建筑学校以“设计为导向”的教学方法并没有错——如果“设计为导向”意味着一种考虑到设计的初衷和结果影响着人们日常生活的工作方法的话。”

这方面也是一个典范楷模。雅各布斯作为一个睿智的城市生活撰稿人，公正地指出问题，锋利地展示有用的案例和推进提案。她用她的工具——写作加宣言去做这些事情，直觉告诉她这在城市里是可行的："乏味穿插在城市中，这是现实，城市确实包含内在和少许外在的毁灭因子。但有活力的城市拥有令人惊叹的内在能力，能理解、沟通、竭尽全力地去做和发明那些用于对抗困难所需要的自我更新的因子（也正是生动、多元、密集的城市所包含的），且有足够的力量去解决困难"（雅各布斯 1961，448）。事实上，通过启发城市建设者和居住者们，雅各布斯的观点和行动已经为城市更新埋下了成长的种子。

我们的城市，我们自身

"我喜欢看到人们因自己的住所而自豪；我也喜欢看到住所因人们的居住而自豪。"

——亚伯拉罕·林肯

这里有一个更深奥的问题："为什么我们有时候要在错误的场所中寻找喜爱的地方呢？"

如果我们自身是孤立的，则无法让我们的场所和社区之间有相互联系。如海德格尔（1971）和卡斯滕·哈里斯（1998）已经指出的，我们首先需要知道如何生活才能去设计生活环境。如果我们连自己都照顾不好，那要创造一个好的场所或维护一个已有的场所是相当困难的。如果我们的父母、社区或场所无法给予我们恰当的支持，那么我们要成为好的父母、市民或管家就很困难，而且这是一个恶性循环。

那么，我们如何才能将一个城市环境从差转变为好呢？换句话说，我们如何才能更好地生活以设计更好的生活环境，然后生活更上一层楼呢？

西方文明把人类和自然分离，人类对自然的控制约束是造成这个分离的最根本原因。哲学家夏琳·斯普瑞纳克（1997，66）指出："现代世界观的最显著特征大概是自古希腊时期以来西方思想中强制性的三个分离，即：人类与自然、身体与灵魂、自身与世界。"这些错误的分离导致我们现在所面临的许多问题，其中包括：现代理想化的功能性城市——功能分区，重视建筑形态多过于建筑环境（表象多过于背景肌理），和白纸上的总体城市规划——只会加重分离。随之而来的场所恶化情况包括环境破坏、社会隔离、社会和环境的不公平，以及一些人的身心健康问题。

大量关于城市治理和自我疗伤的书籍誓言旦旦地说可以帮到我们，但鲜少意识到那个明显却仍然被忽视的难题，就是我们自身、城市和自然三者之间的关系。我们的研究和实践总是将人类（社会／行为科学和“帮助”专业）和城市（规划和设计）分离开来，这既是症状，也是对支持忽视的表现。然而，正如职业有危险一样，我们的生活环境也存在着一定的危险。事实上，我们的生活环境或许会对我们的健康造成危害[1]。

如心理学家詹姆斯·希尔曼指出，许多病人来求医是因为受到他们所处的生活环境的困扰。他详细解释道，常常是那些容易受环境影响、并且对环境不满的人来寻求心理治疗。事实上，在很多案例中，他们并非需要药物治疗，而只需要更好的环境（希尔曼 2008）[2]。

约翰·弗里德曼（2000，467）提醒我们：“城市生活富含生机是人类繁荣的必要社会背景。”人类繁荣也依赖于舒适性、便利性、清洁的空气和水，以及能享受大自然。在《森林中最后的小孩：从自然缺失无序中拯救我们的儿童》一书中，娄富（2005）将近年来儿童在户外时间的显著减少归因于越来越少的开放空间、儿童越来越沉迷于电子游戏和父母对儿童在外不安全感的增加。娄富认为儿童在户外时间的减少对肥胖症、注意力无法集中、压力、沮丧和焦虑等情绪都有一定的影响。他建议：“让年轻一代多接触自然是对付注意力无法集中和其他许多疾病的有效治疗方法。”[3]

有大量报告已经指出许多会影响身体健康的环境和城市因素，例如不适宜步行和缺少开放空间，以及缺少通往休憩娱乐场、健康关注、营养食品、高效的公交系统、工作机会、好的学校、能负担得起的住屋选择、社会多元性，以及就地养老等的合理通道（弗兰坎、弗兰克和杰克逊 2004、丹嫩贝格，弗兰坎和杰克逊 2011）。举例来说，最新研究表明自 1993 年以来美国激增 8 倍的孤独症发病率或许与环境因素有关，如杀虫剂、清洁剂和空气质量差等。

这些严重影响着我们健康的城市和环境危害或许可以被总称为“场所缺

---

[1] 汤姆·法利和黛博拉·科恩（2005）认为生活环境是人类寿命减短的主要因素之一——影响着意外疾病和慢性疾病，比如心脏病、肺癌和乳腺癌、糖尿病和中风等。

[2] 只要我们把“精神疾病”从城市中移出，希尔曼（1990，53）警告说：“我们没有意识到环境对我们的影响”，也没有能力有效地转变它。

[3] 关于接触大自然能治愈儿童的其他研究发现可参考卡普兰（2002）、戴维斯（2004）以及郭和泰勒（2004）。

陷不调症”（ PDD：place-deficit disorder ）（ 艾琳 2012 ）。“场所缺陷不调症”影响着全人类，是身心疾病、事故、犯罪、社会隔离和薄弱的社区归属感的一个主要根源。

因此，若我们帮助治疗有缺陷的场所，也能帮到我们自己。希尔曼（ 2006，115 ）建议：“改善你所在的城市能够改善你自己。”这句话的反面不言而喻，即人们的不当行为也会对场所造成不良影响。很显然，治愈我们自身和治愈我们的场所两者是相辅相成的。“场所缺陷不调症”或许是“第 22 条军规”，因为由居住地危害物所引起的焦虑和压力会激发人体处理机能阻止直接和有效地解决问题——尤其会导致拒绝、偏离和注意力分散。此外，生活在糟糕的环境中会阻碍我们了解不满的真实根源，从而去解决它们。

若要重塑城市和我们自身的健康，那么就要更加关注人类和场所之间深层次的相互影响[1]。如果我们将两者分离，我们的环境和生活也会支离破碎，丧失完整性，而且会恶性循环，加重损害这个因果联系。当下的我们比以往任何时候都更需要好的主意，然而就像城市理论家莱奥妮·桑德尔考克（ 2003，230 ）所说：“或许对我们理解什么是好的最大威胁来自于我们在其他方面的先进性，因此反而可能忘却了该如何好好地生活”。那么，我们该如何学会好好生活呢？

好好生活很大程度上根源于人际关系，并且与能够展现人类文明、尊重和尊严的空间场所息息相关，这也就是“城市性”[2]这一词的本质含义。这些场所通常将活力中心和交通走廊融入自然景观中，使其更加人性化、充满魅力、并为其增添一份宁静。它们兼具创新性、创造性和多元性等品质。同时，这些场所拥有高品质的开放空间，在那里可以看到不同年龄层次和收入水平的陌生人相互攀谈，那里有家庭、朋友和手牵手的情侣，那里也许禁止使用手机或运动时饮食，有音乐喷泉、公共艺术、水景、欢声笑语。人们在那里感觉良好，也倾向于表现更好，这是高品质场所的另一个特征。

能够生活在这样欣欣向荣的环境中是幸运的，那么，那些没能生活在这样环境中的人们呢？生活在贫瘠、充斥着暴力和被忽视的环境中的人们，就像要突破贫穷、暴力或被忽视的恶性循环一样，也必须打破这个循环。这要从第一步“憧憬”开始——界定个人资本（ 优势和挑战 ）——然后下一步是

[1] 泽内普·托克尔和亨利克·米娜西安斯（ 2011 ）也强调“如果对一个‘好’的城市形态和一个‘健康’的社会分别开处方则过于简单化了空间和社会之间的联系。”

[2] 1825 年的牛津字典将城市性定义为“礼貌、优雅和高贵的行为”，在 1898 年加入了“城市中的生活”。

和其他人一起进行场所憧憬，再接着前往下一步。迈入这条途径的唯一前提条件是接受新事物的意愿。只要迈开了第一步，无论是多么微小的一步，就意味着开始了积极的改变。

一旦踏上通往繁荣的这条道路就意味着启动了建立社区的过程。建立社区反过来会让"憧憬"和这条道路上的后面几步走得更加容易些。这是因为人们若想感觉与——自身、他人和场所有更加紧密的联系，则必须先意识到自我并且为自我的存在而感到自豪。这个自我价值感来源于社区，它能赋予人们真实、真诚且无所畏惧地表达自我的自由。社区通过提供"一个归属"（布洛克 2008），给予人们能够真实面对自己的勇气（courage，来自于旧法语 corage 一词，意思是"从心而来"）。从这个归属感而生的安全感，并不是让人们"无恶意地去看、听、说"——明哲保身的一种告诫，而是能赋予清楚洞察内心的能力，让人们更有效地将想法表达出来，并有勇气承认自己的错误。社区的舒适感会让人们不再感觉羞耻或被认为是羞耻的，不再拒绝、猜想或理想化，并且能够相互信任、富有同情心、满怀希望和更加包容。

当一个人真实面对自己，既不夸大也不妄自菲薄时，则能好好聆听他人和场所的声音，从而才能集思广益地去展开集体憧憬过程，创造和维护好的场所。

每个人都有不安全感和自我局限性，社区的缺乏会让其恶化。因为社区代表着一个安全的网络，帮助人们更平静、更快乐、更高效和更睿智。走在通往繁荣的这条道路上能让人们的生活变得更好，逃离不满、竞争、恐惧和报复。如果人们齐心协力，就能实现彼得·布洛克（2008）所描述的从"充满报复的"到"恢复性的社会"的转变。

对于品质低劣的场所，我们不应该采取拒绝、忽略或满不在乎的态度，而应去做两件事情，即把"事物看清楚"和"为其憧憬一个更好的未来"。这需要我们聆听自己的内心以唤起意识；聆听他人和场所以便了解他们的长项；参与关于"这可以是什么"的对话谈论；并且号召全体共同去实现这个憧憬。通过善用个人和集体的长项，我们可以建立场所的价值，而这些场所作为回报，也会反过来支持我们。集体憧憬能够创造更好的未来，让我们可以持续地（且不受限制地）拥有健康的身体、人际关系和社区。通过这个过程，我们可以重新建立起已被破坏的人与人、人与自然，以及身体和灵魂之间的关系。

希尔曼说，当我们照顾好环境时，“我们重塑了灵魂”（1982，106）[1]。这，就是繁荣。我们若不这样做，或出卖我们的灵魂，代价实在太高。从一定程度上说，人是社会性动物，我们生来就具有城市本能，这让我们懂得体谅，去照顾好自己、他人和所生活的环境。要同时实现个人和场所的繁荣，就有必要把两者捆绑在一起，照顾好自己、城市、社会和大地，才能管理好高品质的社区和场所[2]。

当然，这有时候看起来是走一步退两步的旅程，但没有关系，只要确信我们还在这条道路上，我们就在迈向治愈和重塑。布洛克（2008，94）提醒说：“我们每次改变一个房间以改变整个世界。这个房间在今天看来就是我们想要创造的未来的一个缩影。”我们不能坦克大炮式地攻击问题，而要专注于找寻潜能，每次仅与一个人、一间房、一户家庭、一方邻里、一片社区或区域联手，从而逐渐提高当问题出现时的应对能力，并且把问题转变成最好的解决方案。

幸运的是，这个过程已经得到了很好地发展。尤其在过去的20年中，我们详尽地思考了如何建设我们的生活环境。哲学家夏琳·斯普瑞纳克（1997，35）提出：“我们越来越了解人体、宇宙和场所感，这正在引导我们去突破现代世界观的局限。它看起来难以置信，但已经能够让我们追溯回远古时期的拒绝意识形态——即拒绝将人体仅看作是一个生物构造，将星球和宇宙仅看作是一个能够预测的机械装置，以及将场所仅看作是人类的创作产物。”本书第七章将描述这个通往繁荣的新兴趋势。

---

[1] 托马斯·莫尔（1992）进一步阐释了希尔曼关于我们从文艺复兴教条主义中学习“灵魂蒙蒂”，把灵魂重新带回世界的建议。

[2] 达赖喇嘛（1990）说：“保护地球这件事一点也不特别、不令人肃然起敬、也不神圣，它就像照顾我们的住所一般。”罗伯塔·布兰德·斯格拉茨（1994）把照顾好城市特别描述为“城市的牧业”。

案例研究：日出公园

地点：维吉尼亚州的夏洛茨维尔市

主要参与者：林恩·孔博伊、奥弗顿·麦吉、詹姆斯·格里格、吉姆·托尔伯特、布鲁斯·沃德尔、罗森维格丹、唐·佛朗哥、史蒂夫·冯·斯托奇、瑞恩·雅各比、卡琳·莱斯、雪莱·科尔·威廉·莫里什、凯蒂·斯文森和苏珊·辛德勒

主题：当地、城市中的自然、相互连接的开放空间体系、建筑和基础设施的改造再利用、适宜步行性和适宜骑自行车性、联合团队、与利益相关者联合创造、社区参与、关于城市主义的对话

案例研究由南·艾琳与珍妮弗·约翰逊共同执笔

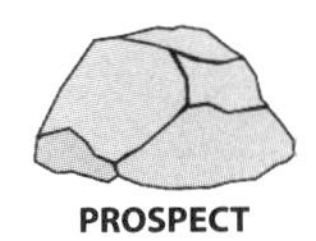

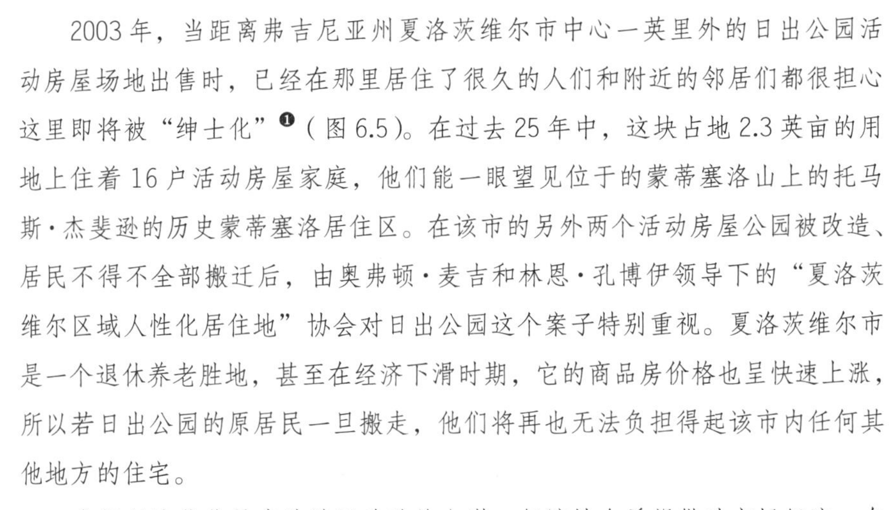

2003年，当距离弗吉尼亚州夏洛茨维尔市中心一英里外的日出公园活动房屋场地出售时，已经在那里居住了很久的人们和附近的邻居们都很担心这里即将被“绅士化”[1]（图6.5）。在过去25年中，这块占地2.3英亩的用地上住着16户活动房屋家庭，他们能一眼望见位于的蒙蒂塞洛山上的托马斯·杰斐逊的历史蒙蒂塞洛居住区。在该市的另外两个活动房屋公园被改造、居民不得不全部搬迁后，由奥弗顿·麦吉和林恩·孔博伊领导下的“夏洛茨维尔区域人性化居住地”协会对日出公园这个案子特别重视。夏洛茨维尔市是一个退休养老胜地，甚至在经济下滑时期，它的商品房价格也呈快速上涨，所以若日出公园的原居民一旦搬走，他们将再也无法负担得起该市内任何其他地方的住宅。

市场经济往往是威胁社区改造的主谋，但该协会希望借助市场经济，在不需要赶走现有居民的前提下改造这个区域——通过采用混合不同收入的住户，让场地上新增商品房补贴经济适用房（http://www.urban-habitats.org/）。协会向夏洛茨维尔市递交了一份就该场地重新开发的规划方案，及时制止了当时正在进行的场地出售。当时有一位开发商已经签订了一项建造90

[1] 根据维基百科，绅士化或士绅化又译为中产阶层化、贵族化或缙绅化，是社会发展的其中一个可能现象，指一个旧社区从原本聚集低收入人士，到重建后地价及租金上升，引致较高收入人士迁入，并取代原有低收入者。

图6.5　日出公园活动房屋场地
（图片来源：安德烈斯·贝克）

户豪华公寓的规划方案，社区组织通过抗议让开发商不得不退出。在众多捐赠者的资金赞助下，协会最终买下这块地，然后立即制定出一个建造50户低收入住宅的方案，这个方案获得了广大民众的支持，也体现了协会的人道主义精神（莫里什、辛德勒和斯文森 2009，29）。

夏洛茨维尔市社区设计中心的凯蒂·斯文森对这个项目表示强烈支持，她建议该协会展开一个设计竞赛。斯文森（2011）回忆说："这个项目在很多层面上都引起了共鸣"，她领导着"玫瑰奖学金"组织，该组织在国家层面推动设计师和经济适用房开发商之间的合作。随后，在弗吉尼亚大学建筑系、景观系、城市和环境规划系任教的教授威廉·莫里什也加入了斯文森的工作，他虽然时常对建筑方案无法有意义地创造空间感到无奈，但对活动房屋公园非常有兴致。

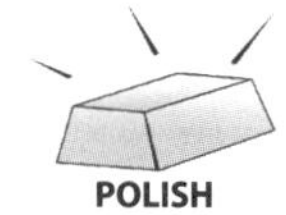

该协会联合夏洛茨维尔市社区设计中心开展了面向当地居民的大规模公众参与——有三分之二的日出公园居民和许多附近社区的居民参与其中——他们带来了不同的声音，这是实现"真实、创新、能被广泛应用、且能阻止

绅士化的多住户家庭开发模型”所必需的（http://www.urban-habitats.org）。根据“城市居住区：寻找一个全新的住宅开发模式”的竞赛简章，竞选方案必须“考虑建筑的文化性和环境责任，从场地设计到有效管理能源上提出可持续的方案”（http://www.urban-habitats.org）。最后收集到来自52个国家的164个方案，竞赛的评委会由马克斯·邦德、泰迪·克鲁斯、朱莉·艾森博格和来自“人性化居住区”协会代表、当地的美国建筑师协会和市议会组成。评委会与当地居民一起勘察了场地，也听取了他们对再开发的建议：保留“大后院”作为公共空间，其中包含一个社区花园；建筑和场地设计融入周边区域的城市肌理；以及采用绿色建筑技术等。

评委会选中了三个优胜方案，另外，社区颁发了一个“大众评审奖”。对评审结果做出最终影响的评委是日出公园的居民马里昂·达德利。“她在这个过程中代表着这个社区的声音”，斯文森（2011）回忆道，“当评委会将竞赛结果框定到最后三个优胜方案时，达德利，这个最初需要由专家们手把手教她怎么看图的人，终于果断地指出能代表她心声的那个方案。那一刻对于我们所有人来说都意义非凡。”达德利的选择是辛德勒公司的“双倍宽、三倍高”方案，它将建筑层高增加到10英尺或更高，最大化自然通风和采光，为每个住户单元都提供独特的室内和室外空间（图6.6）。更有意义的是，它的场地规划保留了原来作为社区主要通道和集会场所的中央大街。

绝大多数竞选方案与第二名优胜选手——“大都会规划联合会（纽约）”的理念相近：“要更新，不要重塑”（http://www.urban-habitats.org）。亚伦·杨作为这个团队五位成员之一，是这样描述他们这个方案的：“日出公园方案善用现有的活动房屋公园的优势——即团结的社区感、集约紧凑的住宅、多功能和灵活的开放空间，以及绝佳的山景。另外，方案试图利用现有的基础设施——排水管网、内部交通道路和树木——同时更好地将这块场地和周边地区融合在一起”（http://www.urban-habitats.org）。

夏洛茨维尔市社区设计中心主办了一个“城市居住区”展览会，以探讨紧凑和低廉住宅的发展未来（莫里什、辛德勒和斯文森 2009，17）。第一名优胜团队的成员苏珊·辛德勒积极参与了项目，而且同斯文森和莫里什一起

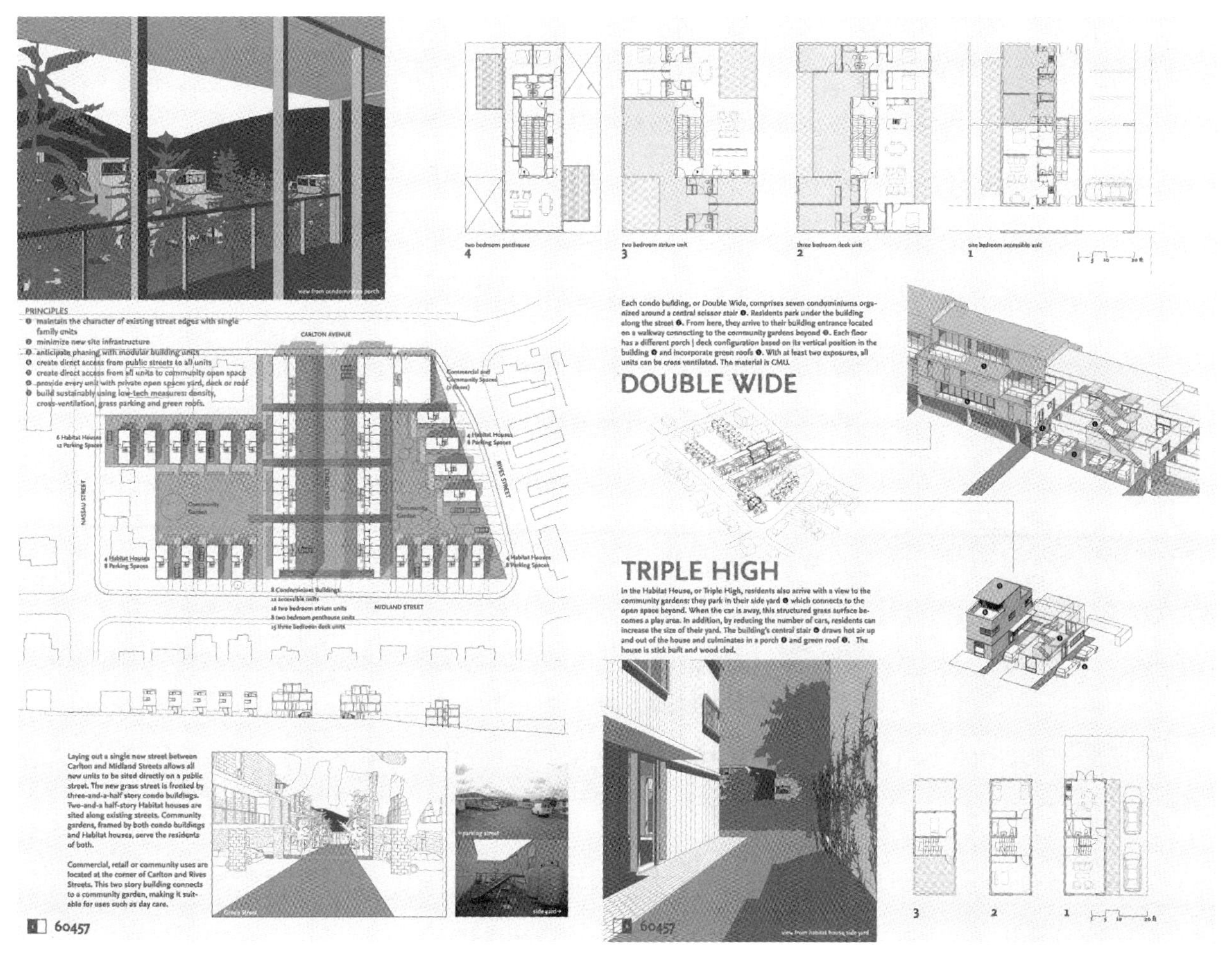

图6.6　由辛德勒公司设计的获奖方案——“双倍宽、三倍高”
（图片来源：辛德勒公司）

联合出版了《发展城市居住区》一书，这是一本关于如何将低密度的城市区翻新成高密度的综合开发区的“宝典指南”（莫里什等 2009，22，24）。该书介绍日出公园的设计方案，还有其他一些项目，例如冯＋布拉特公司设计的洛杉矶城市帽屋，巴尔加斯格林南建筑事务所的波特兰智慧居住项目，和位于费城北的高密度填充项目洋葱公寓等。

莫里什、辛德勒和斯文森（2009，69）写道：“城市居住区项目的成功在于社区民众和设计工作之间密不可分的联系。去年，邻居们还在大力抗拒开发；今年，他们已经是开发团队的一员了。”为了设计日出公园，人性化居住区协会聘请竞赛的第一名和第二名优胜团队协助“一个全新的住宅开发模型”（莫里什等 2009，17），并且在 2009 年开始重新区划以允许在活动房屋公园地块上进行混合功能开发。协会让土地规划师和开发者——即社区居民，同建筑师斯托内金·冯·斯托奇一起工作，他们提议在毗邻一条建于 1920-1950 年代小型住宅的居住街道的场地南侧布置“独户联拼房”。而场地的北侧面临一条商业街，所以建筑尺度可以较大和更现代些。由于公众对这个项目的支持和兴趣是如此强烈，因此全部建设资金都来自公众捐赠赞助，而最终设计方案包含了一个社区中心、一个社区花园、“先前的街道和人行道，一个灌溉公共区域的雨水收集网络，优化的雨水花园和能源有效装置”（http://cvillehabitat.org/sunrise）。

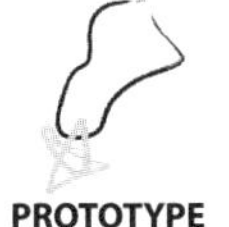

PROTOTYPE

得益于人性化居住区协会的承诺和支持，以及竞赛和展览所收获的大量支持和创新建议，日出公园成为美国第一个在再开发过程中没有驱走原居民的活动房屋公园项目。在原有的 16 户居民中，其中 9 户选择留下，他们将以不超过原来的租金（一些租户甚至不用付钱）且不超过他们家庭总收入 30% 的价格，租用新盖的公寓。到 2014 年完工之际，这个区域将拥有 66 个住宅单元，包括联排和公寓，其中一半是经济适用房，而另一半将以市场价格出售。

2008 年晋升为弗吉尼亚人性化居住区协会领导的麦吉说：“我想我们是如此幸运，因为那些住在那里的人们拥有一个如此团结的社区，他们将成为一个更大的团结社区的核心……他们每天都相互串门，因而形成了一个如此精彩的社区，而我们将把它更发扬光大”（麦吉 2005）。掌管夏洛茨维尔市社区设计中心的丹罗森维格补充说：“这个公园的居民们——我们最宝贵的合作伙伴——在这个过程中看起来很开心，而且很期待搬进他们的新家”（罗森维格 2012）。

PRESENT

有了日出公园项目的经验，夏洛茨维尔市居住区协会要求另一个规模大得多的活动房屋公园项目在再开发时也要在合理开发的同时保护原居民，这个占地 100 英亩的项目位于南森林，有 348 户活动房屋组成。国际居住区协会评定日出公园项目和南森林提案可以作为模范以供其他地区学习和仿效。

案例研究：地表工程

地点：明尼阿波利斯地区球馆，明尼苏达州

主要参与者：玛丽·德莱特瑞，彼得·麦克劳克林，恰克·勒尔，和马克·奥雅思

主题：流、当地、城市中的自然、相互连接的开放空间系统、建筑的改造再利用，以公交为导向的开发、适宜步行性和适宜骑自行车性、企业的创新、联合团队、与利益相关者联合创造、社区参与、关于城市设计的对话

案例研究由珍妮弗·约翰逊和南·艾琳共同执笔

明尼苏达双城棒球队的塔吉特主球馆位于明尼阿波利斯市中心区边缘，它曾是一块棕地，经过蓄水池和生物井将大量雨水过滤用于灌溉后，这块受污染的土地得到了清理。由建筑事务所HOK设计的这个球馆被誉为“一座建筑丰碑，也许是最好的新一代舒适型城市球馆”（伯格 2008）。它被授予LEED银奖认证，并被认为是“美国最佳绿色球馆”（mlb.com 2010）。

除了这些绿色建筑特征之外，相比双城队的前主球馆（大都会球馆）、中央图书馆和明尼阿波利斯市的其他一些公共建筑，塔吉特球馆与周边区域的关系更为融洽。明尼阿波利斯邮报的城市事务专栏作者史蒂夫·伯格曾说：“这个城市在将优秀建筑融入城市环境中可谓是恶名彰显”（伯格 2008）。而塔吉特球馆打破了这个习俗，它成为“一个公共交通综合枢纽，兼容铁道、自行车和公交车等”（mlb.com 2010）。而且，在它建成后的第一年，就被球迷们票选为美国最好的球馆（ESPN杂志 2010）。这是如何做到的呢？

由于之前城市建设的那些失败案例，当地建筑师玛丽·德莱特瑞担心这个球馆“很有可能会像飞碟一样伫立在明尼阿波利斯的市中心”（德莱特瑞 2011）。于是，她联系了亨内县的委员彼得·麦克劳克林，希望他协助，别让这个新项目变成另一个失败的案例。麦克劳克林供事于美国住房与城市发展部门，是明尼阿波利斯的“可持续社区协会”的主要成员之一。他表示对

这个项目感兴趣，回复说“想对设计发声”（麦克劳克林 2011）。德莱特瑞和她的公司“地表工程：城市建设基础”最终成就了这个声音。他们设想将一个城市工业区转变为一个全新的城市中心，在现有的优势之上创造一个交通便利的场所，让整体的价值大于单体的总和。

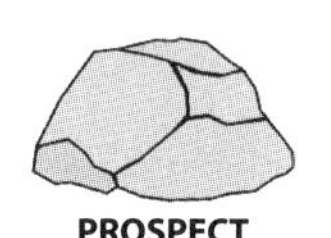

这个过程的关键包括让利益相关者们参与进来一起合作、让公众得到教育、获取越来越多的支持，并且从项目一开始就引入设计。为了实现这些目标，德莱特瑞与当地的开发商恰克·勒尔、公共事务顾问马克·奥雅思和彼得·麦克劳克林一起联合成立了一个业主小组“2010合作伙伴”（现在是2020合作伙伴），这是一个培养社区支持和宣传优质城市建设的组织（http://the2020partners.com）。这个小组由勒尔领导的一个执掌委员会管理，它的成员来自各个领域，包括城市、县、球馆、明尼阿波利斯交通部门、社区和市民组织，以及房地产公司海因斯权益等。在头两年这个小组的成员增长就超过了150人。

“2010合作伙伴”成立之后的第一件事是在城市设计师威廉姆·莫里什的领导下，在2009年4月开展了一次为期两天的密集式设计研讨会（2010合作伙伴，2009）（见日出公园案例研究）。莫里什曾在明尼苏达大学执教，他自嘲道“仍然说着明尼苏达语”（莫里什 2011），并自愿“反复地行走在城市中，以了解许许多多已规划的和正在进行中的、位于城市不同层面——地下、街道和空中的各类项目”（2010合作伙伴，2009）。这个设计研讨会产生了为期一年和五年的两个工作计划，以及四个阶段的执行过程和时间表，所有内容都被清楚列在宣传册《开放日以及之后：善用我们的优势来创造社区联系》中（2010合作伙伴，2009）。这本宣传册的结语是“去做吧！”。

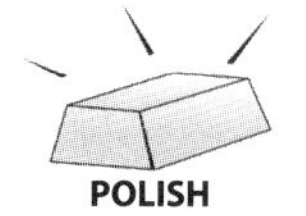

这项活动快速诞生了一个理念，即一个集合了球馆、能源发电站和交通枢纽的“绿色综合体”，将先前一团糟的这些地方整合成一个合理的城市区。德莱特瑞（2011）解释说：“让这个综合体变得有意思的是：这些地方本来就已经存在，我们只是在它们的基础之上建设。HERC已经在那里，交通干线已经在那里，而球馆也已经在那里，但从来没有任何工作让这个地区的整体价值大于它们各自价值的总和。”麦克劳克林（2011）回忆起当初的参与过程，开始意识到“这是一个围绕球馆的整体区域设计——不仅仅是球馆本身”。

这个综合体的关键是重新构建“亨内能源恢复中心”（HERC，Hennepin Energy Recovery Center 的缩写），让它成为一个将废弃物转变成能源的设施，作为一个区域级别的能源中心为城市供电、为当地商业供暖和制冷，也有潜力成为该地区的一个大型地标建筑（德莱特瑞 2011）。HERC 通过将废弃物转变成能源的过程，用亨内县三分之一的垃圾来为明尼阿波利斯的两万五千户家庭供电（舒马赫 2011）。它在阻止将垃圾运到产生沼气的垃圾填埋场的同时，也能减少城市发电所需要的用煤量。

这个综合体也依赖于一个三层高、跨越五个街块的综合交通枢纽。“关于这件事情的谈话相当重要，”麦克劳克林（2011）说，“然后才有了更大的计划”，它不仅获得了来自塔吉特集团的四百万美金赞助，也赢得了议员吉姆·奥贝尔斯塔尔的大力宣传。奥贝尔斯塔尔曾经在白宫的交通委员会服役了 17 届，也作为资深民主党人士在白宫的交通与基础设施委员会中工作了 15 年（戈尔德马克 2010）。

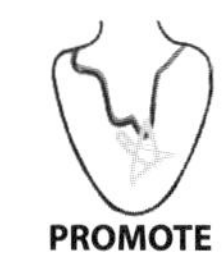

宣传这些理念需要一些相关的材料，其中包括关于综合交通枢纽概念的展示文件，“它被送到了所有人手上”（德莱特瑞 2011），包含政客、企业家和居民等。如德莱特瑞（2011）回忆的那样：“当时都没有人知道什么是交通枢纽，更别提去创造一个。”麦克劳克林（2011）指出：“这项工作的展开早于以公交为导向的开发在中西部变得常见之前”，也在“绿色建筑”成为一个家喻户晓的名词之前。在这个过程的早期，德莱特瑞和奥雅思、勒尔一起出版了一本详细解释项目的来龙去脉、基本设计理念、最初的城市设计概念和实施阶段的教育性手册——《城市建设》（http://groundworkcitybuilding.com/docs/dag.pdf）。用于沟通这个理念的另一个方法是关于 HERC 的一本叫作《创造一个能源区域》的小册子，它旨在将公众对于设施的理解从一个“吐污染的垃圾焚烧炉”转变为具有前瞻性的社区休闲设施[1]。这本小册子也解释了如何相应地调整城市规划、建造需要的基础设施以及在过程中全民参与对话讨论。

受益于“2010 / 2020 合作伙伴”，这些概念以前所未有的规模赢取了人们的兴趣和支持。在 2010 年 3 月 27 号，塔吉特球馆正式开放的当天，尽管雄心壮志地要兼容娱乐、交通和能源站功能的“绿色综合体”还没有完全实现，

[1] 见 http://groundworkcitybuilding.com/docs/4-energy-district.pdf；http://groundworkcitybuilding.com/dos/3-energy-assets.pdf 和 http://groundworkcitybuilding.com/dos/2-public-perception.pdf。

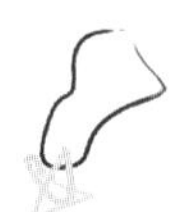

但是这个过程涉及了大区域范围，让利益相关者们能够“超越球馆的占地范围，并且激活了这个地区成为中心城的延伸”（麦克劳克林 2011）。作为这些努力的成果之一，塔吉特球馆已经成为“美国最多功能的、以公交为导向的球馆开发”（mlb.com 2010）（图 6.7）。HERC 正在计划为社区供暖和制冷，而且申请了一个有条件使用的土地使用证以接收更多的垃圾。这个交通枢纽获得了部分建设资金（三千万美金），“2020 合作伙伴”还在为设计方案争取更多的资金。“2020 合作伙伴”组织持续发挥着无可衡量的价值、召集民众共同建设他们的城市，同时它也正在为明尼苏达的维京体育馆寻找合适的地点。

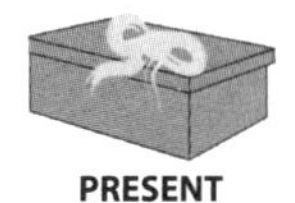

图6.7　塔吉特运动场、亨内能源恢复中心和枢纽的合体
（图片来源：玛丽·德莱特瑞）

第七章 城市主义之升华：超越可持续，迈向繁荣

“城市起源于生活最原始的需求，但若我们想好好生活，城市则将继续存在。”

——亚里士多德

“我们这一代采取了应对悲剧的策略，如果我们再不采取面向希望的策略，我们的下一代到时会质疑当初我们做了什么。”

——威廉·麦克唐纳（2011）

过去几十年中，全球范围内开始了一项意义重大的改变——对可持续性的广泛关注，这正在改善着我们的场所品质。得益于这些进展，现在我们可以迈开下一步，让我们的生态足迹更小，超越可持续性，迈向繁荣。可持续固然是很大的进步，但若能做到繁荣昌盛和兴旺显然更好。那么，我们如何向这个方向迈进，如何加速这项行动呢？

如前面所述，通往繁荣的这条道路和 20 世纪盛行的做法截然相反，后者的起始点着眼于矛盾或不足，而前者立足于优势之上。后者可以通过马斯洛的需求层次理论来解释（图 7.1）。1943 年马斯洛提出的金字塔，暗示人类有不足之处需要被填充，通常需要借助外部力量来完成，而不能通过自身的品质和能力去实现[1]。通往繁荣的这条道路可以用优势等级图（图 7.2）来表述。优势等级图由最底层的燃料（阳光、水、食物、风、石油和其他能源）为基础，上方是工具（知识、直觉和技能；建造、机械和电子设备；以及交流、交通和建筑技术等）。这个图示告诉我们这样做可以获得最上方

[1] 马斯洛的等级需求论建立于人们所缺的论点上，但他意识到实现自我的人更倾向于关注自身所拥有的（他们的财富），即“被认可的”，与自我反省的“认识到不足”正好相反。

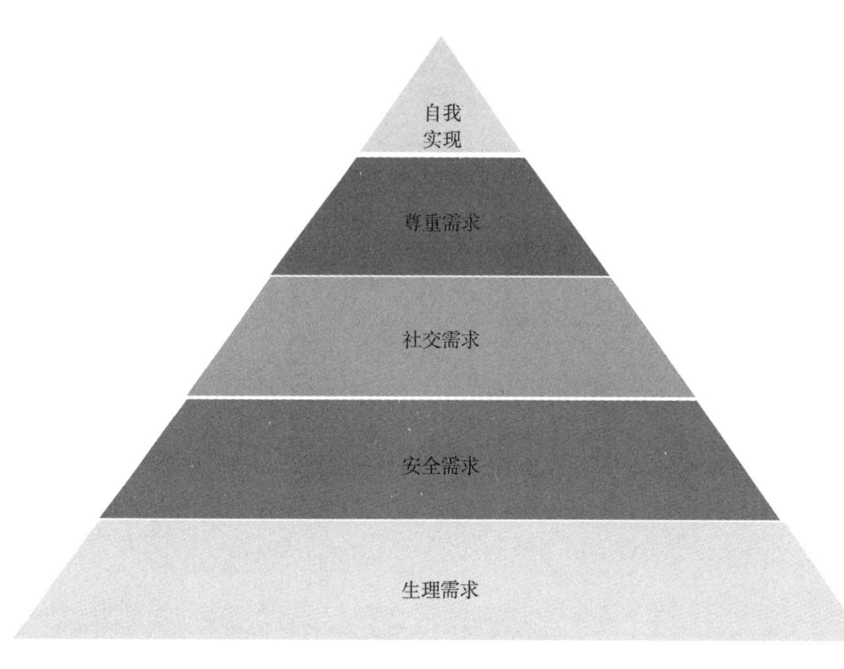

图7.1 马斯洛的等级需求图（1943）

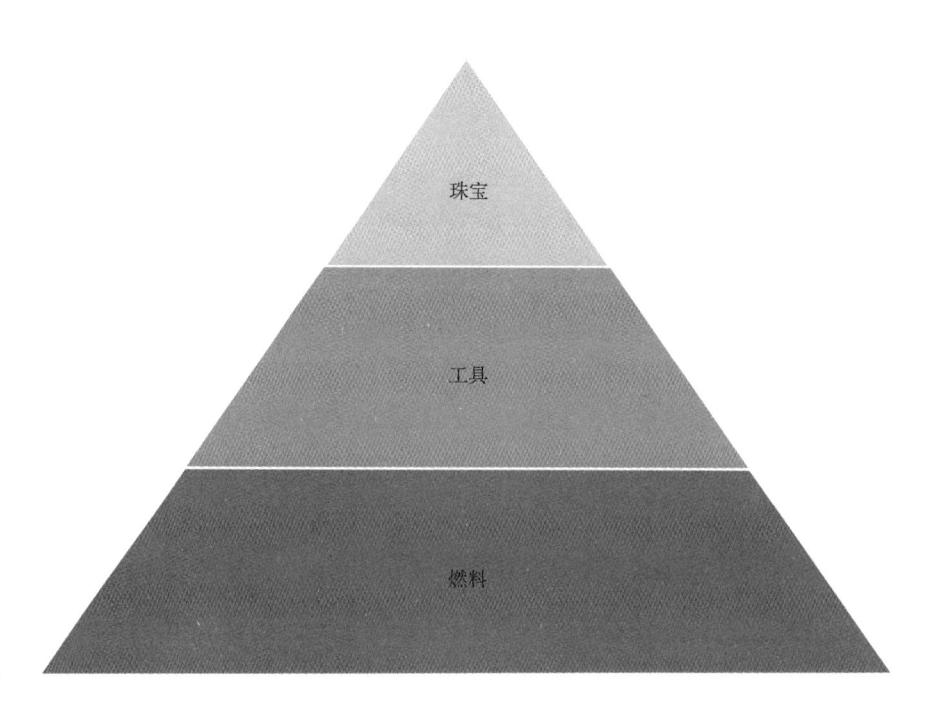

图7.2 优势等级图

的“珠宝”。

追求可持续性的做法与从需求出发的方法具有一致思路，它们都是从定义一个需求或问题开始，再提出解决方案，建立目标去执行。事实上，最众所周知的关于可持续性的定义涉及两个“需求”：“在不牺牲下一代将面临的需求下，满足当前的需求”（联合国在 1987 年特别强调）。而通往繁荣的道路则恰恰相反，它从认知已有的优势开始，然后将它们联成一个系统，通过有催化作用的干预为这个系统注入能量，让它们意识到整体性，这个整体包含一个自我调整反馈机制，因此能自我监控并作出相应的改变（图 7.3）。将关注点从解决矛盾转移到寻找机会[1]，以尊敬和欣赏的态度在更大范围内召集更多人去解决问题，这种方法自身则变成另一种优势——成为了能够挖掘宝石的工具。

这是令人激动的历史性一刻，尽管沿途还有许多崎岖和影埋的角落，但是通往繁荣的这个转变很显然已经成为目前城市设计的发展趋势，城市设计很偶然地能与政治、经济和社会的趋势保持步调一致。这些转变包括环境改善、智慧城市、创意城市、历史保护、社区花园、城市农业、土地信托和公共健康运动等。美国的很多地方已经在恢复或开始建造客运铁路系统、采用大规模的新型公交体系、改造再利用现状建筑、在各种尺度上创造优质的公共空间、修复棕地（前工业用地）、改造再利用灰地（被废弃的建筑，通常指“死去的商场”或“鬼屋”）、将红地（破产物业）转变成绿地、让河流和溪流重见天日，以及展开保护空气和水体的重要计划等。基于功效和城市形态的设计导则鼓励步行和将自然融入城市，它们正在逐渐取代之前专注于交通效率和灾难修复的法规。许多新的开发区和老的郊区、城市核心区已经引入以公交为导向的开发、公园网络、永续农业、社区商业和其他一些策略来加强宜居性。

这些进展正在重新定义城市性，功能密度（横向和竖向的混合功能开发）已经在郊区和小城镇里兴起（邓纳姆 - 琼斯和威廉姆森 2008），城市内的新填充式开发亦是过去难以想象的。同时，农业逐渐出现在城市和郊区，这在减少人们去食品超市购物的同时也增加了当地农作物的产出和消费。当地农作物和进口食品、当地商业和全球化商业、大型公交和小汽车甚至可能是自

[1] 这或许类似与唐纳德·什昂所描述的“问题设置”（什昂 1984）。

图7.3 城市主义从可持续性到迈向繁荣的转变

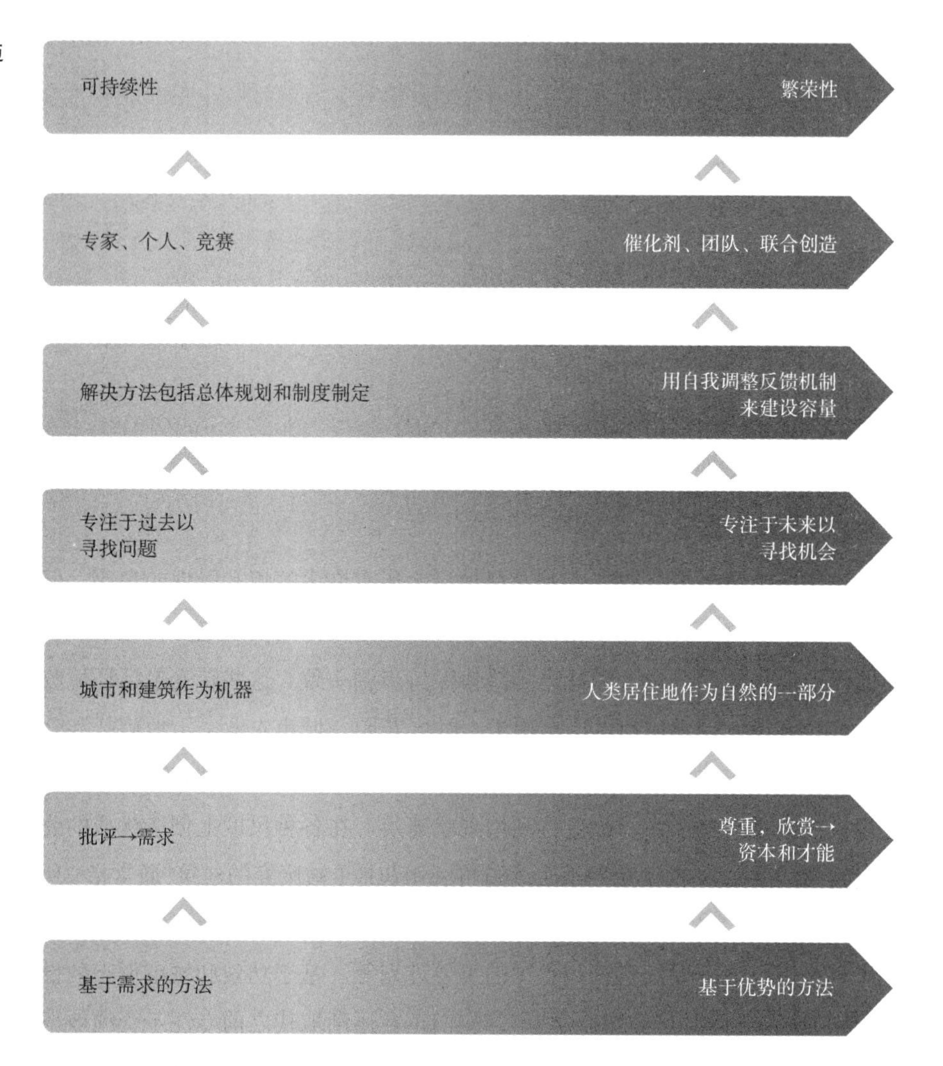

动化的个人快速公交（PRT，Personal Rapid Transit 的缩写），无论在城市、郊区还是村庄，它们都被证明是可以共存的。

在工业方面，我们终于看到工业产品从过时性到持续耐久性的转变；在环境和基础设施规划方面，废水和雨水不再被看作是废弃物而是资源，通过恢复和再利用它们所含有的营养物，它们可以取代交通系统、管道和建筑中的原始材料[1]；在研究领域整体方面，我们正受益于各个学科之间的相互交

[1] 出自犹他大学土木和环境工程学院的史蒂芬·布里安（对话）。

融以及理论和实践的结合应用。

许许多多的社区组织已经成为强有力的联盟，宣扬要创造宜居的场所。例如，南布朗克斯市的和平与公正青年组织，通过“改变人们、系统和基础设施”（http：//ympj.org/about.html#strategy）的一项策略，已经在积极地重新构想和重建布朗克斯河。快速拓展的跨学科组织同样正在扮演着重要的角色。他们中的一些包括：

- 生态文化中心（http：//www.ecoliteracy.org）❶
- 为健康而设计（http：//www.designforhealth.net）❷
- 塑造足迹（http：//sfpinc.org）❸
- 通过设计积极生活（http：//www.activelivingbydesign.org）❹
- 公共空间项目（http：//www.pps.org）
- 可步行的社区（http：//www.walkable.org）
- 组织学习的团体（http：//www.solonine.org）
- 城市研究所（http：//www.turnstone.tv/theurbalinstitut.html）
- 宜居社区项目（http：//livablecommunities.wordpress.com/）
- 公共兴趣设计（http：//www.publicinterestdesign.org）
- SEED 网络和设计团体（http：//seednetwork.org）
- 公共建筑（http：//www.publicarchitecture.org）
- 城市慢交通（http：//www.cittaslow.net）

在城市主义的专业训练和实践中，也正在发生类似的转变。许多学校从一贯的“评语”——主要指出学生作业的不足，改成了“对话”——学生和老师可以有一个双向交流学习的过程，这被喻为“欣赏性地提出疑问”（伯瑞德和惠特妮 2005；同见第三章注 3）。桑德尔洛克（2003，76）建议规划专业的课程大纲“以常见的教学方式传达知识外，至少还要有六种不同的途径，包括让学生从对话、经验教学、寻找当地特有且历史悠久的智慧、学习读懂象征性非语言迹象、思考以及行动规划等过程中获得知识。”

约翰·兰迪斯对规划界的这个转变的描述如下：

“美国规划正处于主要模式的转变中……美国规划的第一个模式发

❶ 由福里托夫·卡普拉，彼得·巴克利和巴洛塞诺维娅在2005年联合创办，生态文化中心提供“对可持续生活的教育，培养儿童在成人后有能力设计和维护可持续社会”（http：//www.ecoliteracy.org）。成立于1997年的组织学习团体也由彼得·巴克利创办。

❷ 为健康而设计在安·福塞斯和乔安妮·理查森领导下，是“一个集体合作项目，旨在为新兴的基于社区设计和健康生活的研究和日常当地政府规划之间搭建桥梁”。

❸ 塑造足迹的使命是“通过重新定义我们居住、学习和工作的地方来鼓励社区和商业的更新”。

❹ 通过设计积极生活的研究项目由罗伯特·伍德·约翰逊基金会建立，后者已经赞助了许多关于公共健康和建成环境之间关系的重要工作。

生在20世纪初到1970年代早期，完全是关于规划方案和法规的制定：为未来的土地使用和基础设施布局所做的社区规划，随同土地利用法规——通常是地块划分控制和区划——作为规划实施工具；规划的第二个模式，在1970年代受环境运动影响而兴起，该模式纯粹是关于如何让规划过程更富有参与性；从1980年代开始，人们越来越意识到权利分布的不平衡……这个新的规划模式，我们称之为"规划3.0"，将纯粹是关于对结果的衡量和对实施模型的研发，它们能够制造成功的城市空间……"规划3.0"将是反应及时的、与自然结合的、也将是全球范围的……在城市设计领域，"规划3.0"将撕下一意孤行的标签，实现国际接轨，将专注于人们如何使用公共空间和私人场所，以及如何为城市的宜居性贡献一分力量。"（兰迪斯2011）[1]

乔纳森·巴奈特（2011，208）说："现在所需要的不是一个全新的总体城市设计方案，需要的是崭新的方法将城市设计结合到经济和社会变化过程中，也需要与大自然有一个可持续的关系。"

那些在城市规划、城市设计、建筑和景观界引领这个转变趋势的先驱实践者们，将城市视为自然的一部分而非为生活而服务的机器；他们的目标是实现当地和全球的繁荣，而非为自我追求权力、威望和利益。

他们中的一些人正在采用互联网技术，开发和测试一些用于公共参与的重要工具（赛阿尔瑟2011，利德比特2008，大沼2010）。其目的是让设计和规划过程更包容更可靠，并且更有效深入地影响结果。例如，"从社区层面开始的规划运动"推出了《为所有纽约人做规划》的报告，它为人们规划未来社区提供材料，并且鼓励人们为纽约的土地利用规划贡献一分力量（市艺术社会规划中心2011）；底特律的联合设计中心在丹·皮特拉的带领下，用一张能够被安置在任何地方的"漫步桌"以提供信息，它还能提供一对一的对话、推特城市议会厅以及其他一些独特的参与方式；另外还有Onuma系统（见第四章的BIM风暴和Onuma系统案例研究）。基于这些新技术基础衍生的对话，我们正在从一个主要围绕生产和消费的文化，转入创新文化（利德比特2008）。

---

[1] 见 http://www.design.upenn.edu/city-regional-planning/letter.

在这些转变的带动下，城市主义的项目背景研究也在发生积极演变，更加关注地理、历史、文化、品质体验和评价。对于以前背景研究关注的新建筑，尤其是建筑体量能否融入周边物理环境——避免其独树一帜地叫嚣着“看我！”，这个关注点现在得到了更多重视。雷姆·库哈斯（2010，68）认为：“有时一个标志建筑就其本身看或许是合理的，但一旦与周边环境一起看却适得其反，这是一种自我毁灭式的做法，已经过时。”设计方案的视觉表现也正在发生改变，开始远离以往惯用的鸟瞰角度、忽略人的传统建筑表现手法。

可持续性指标也正在变得更兼容、更善于自我调整和更动态。其中一个案例是由胡萨姆·奥维尔，德里克·克莱门茨 - 库鲁梅和希尔森·莫兰工程顾问公司开发的一款“可持续的建成环境工具”（SuBET），它被称为完整性指标（奥维尔和希尔森·莫兰 2010）。这些预示和推动优质城市主义的指标，与那些无法帮助我们正确理解场地、文化背景和历史的指标相比，显然是一大进步。

如同保健医疗让人体和生活环境更健康，一个补助型的城市主义有助于包括人类在内的整体环境。它和快速衍生的补助货币（例如旅行里程点数、时间银行和当地货币等）同时在全世界悄然兴起。补助型城市主义类似于补助货币，仅对已经存在的事物做补充而不是去取代它们或与之竞争。就城市主义来说，这些已经在那里的事物可能包括：现有建筑和基础设施、市场经济和文化传统，以及关于如何做方案选择的理论学。补助货币把人们从金字塔形的全球经济的权力控制中心与其过激和掠夺性的行为中解放出来（集思广益研究所 2012）；而补助型城市主义则通过集思广益带来创新、动态和弹性等好处，让主动权不再绑定于城市开发过程的顶端，让更多人参与城市建设。

1930 年代中期是美国经济和社会都十分动荡的大萧条时期，当时经济学家约翰·梅纳德·凯恩斯就预见了当前的变化：

“我期望看到……自人类群居以来物质环境最大的改变。但是，它显然将是一个逐渐发展的漫长过程。这个过程将以前所未有的规模展开，越来越多的社会阶层和群体将不再面临经济困难问题。当越来越多人相互体谅时，这个改变就会实现。当一个人不再有更多的经济需求时，就会想去改善其他人的经济条件……我们应当超越过程去看结果，选择对

> 人类发展有益而非暂时有用的东西”（凯恩斯 1963，373）。
>
> 他同时写道：“至少在未来的一百年内，我们还须继续自欺欺人和欺骗别人说：公平即罪恶，罪恶即公平；因为罪恶是有用的，而公平是无用的。在未来一段时间内，贪婪、高利贷和防范措施仍将是我们的救世主，因为只有它们才能引领我们走出经济困难的隧道，迈向光明”（凯恩斯 1963，373）。

凯恩斯预言的百年之期马上就要来临，我们朝着繁荣迈进的步伐正日趋明显，这些体现在从小到垃圾筒、大到流水区等的各个层面。威廉·麦克唐纳和迈克尔·布劳特戈特（2003）认为：“人类越来越有能力设计有助于生活、让我们欢喜或替我们排忧解难的产品和场所……”。麦克唐纳（2011）说：“设计师们所要考虑的问题，不是‘今天怎么去达成环境目标’，而是‘如何创造更好的居住环境、健康、洁净的水、繁荣和喜悦’。我们必须朝着一个富裕的世界设计，不要只看到世界的局限性。”

保罗·霍肯几年前曾描述过：城市主义中通往繁荣的这个转变是世界性的“无名运动”。它必将盛行，因为它非基于空想，它以人性化为本，像一个免疫系统那样治疗社会和城市的萎靡不振（霍肯 2007）。尽管或许无名，这个新的模式有以下一些关键词和特征：

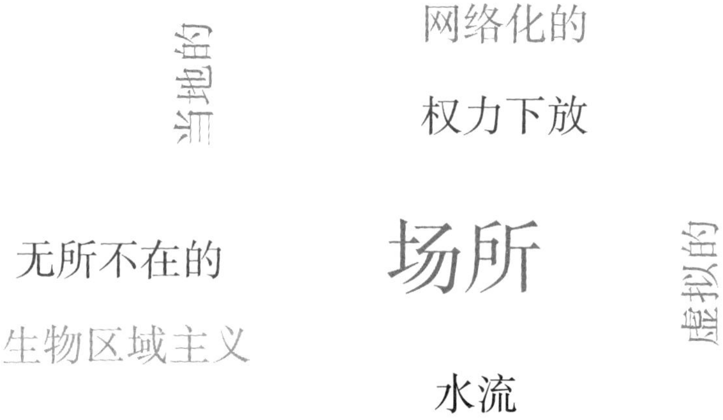

图7.4 场所

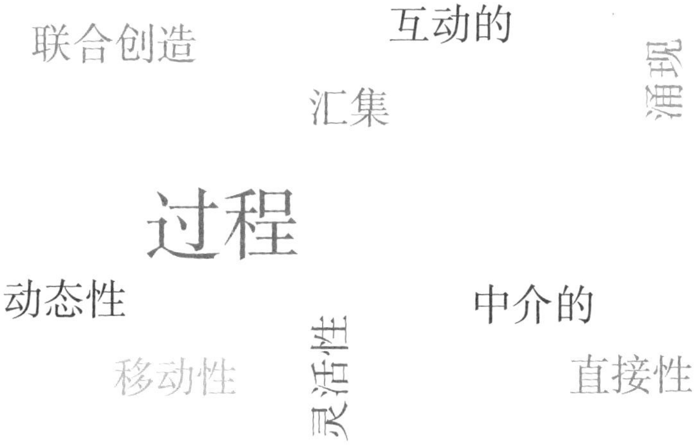

联合创造
互动的
汇集
涌现
过程
动态性
中介的
移动性
灵活性
直接性

图7.5　过程

合伙的
参与性
联盟
同盟
合作关系
社会关系
联合工作/合作的工作场所
社交活动
团队合作
集体

图7.6　社会联系

情境认知
社会媒体
多学科实践
服务学习
发简讯
多语言
信息娱乐
基于社区的研究
活动和结果
虚拟办公室
再工程化
网络跟踪
没有围墙的校园
跨学科性
社交嵌入性
重返学习
浏览互联网

图7.7　活动和结果

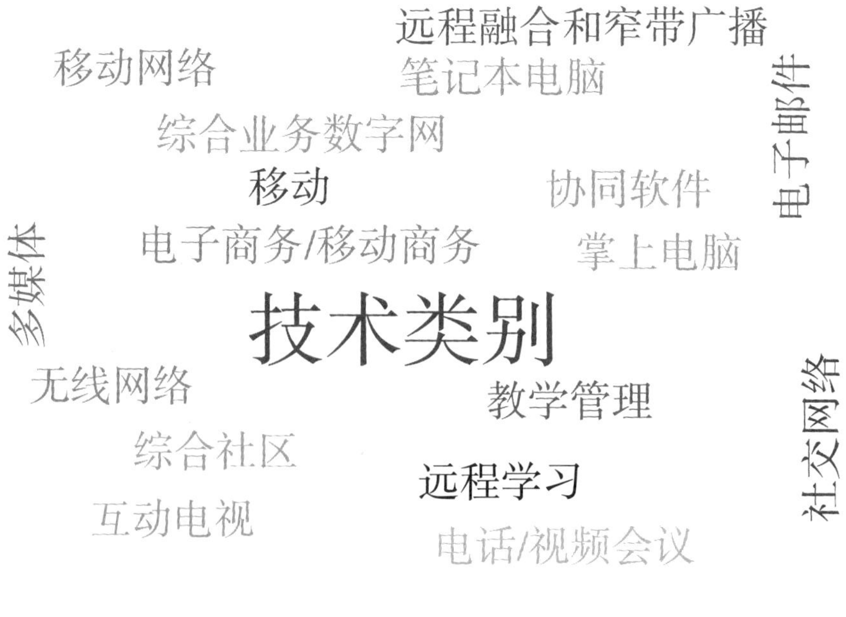

远程融合和窄带广播
移动网络
笔记本电脑
电子邮件
综合业务数字网
移动
协同软件
多媒体
电子商务/移动商务
掌上电脑
技术类别
无线网络
教学管理
社交网络
综合社区
远程学习
互动电视
电话/视频会议

图7.8　技术类别

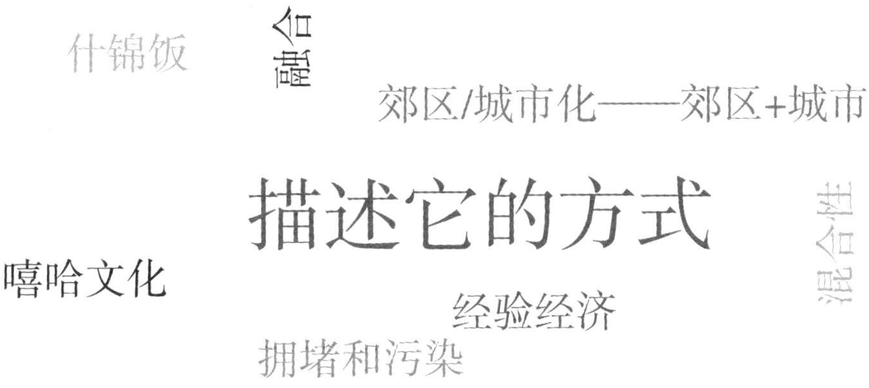

什锦饭
融合
郊区/城市化——郊区+城市
描述它的方式
混合性
嘻哈文化
经验经济
拥堵和污染

图7.9　描述它的方式

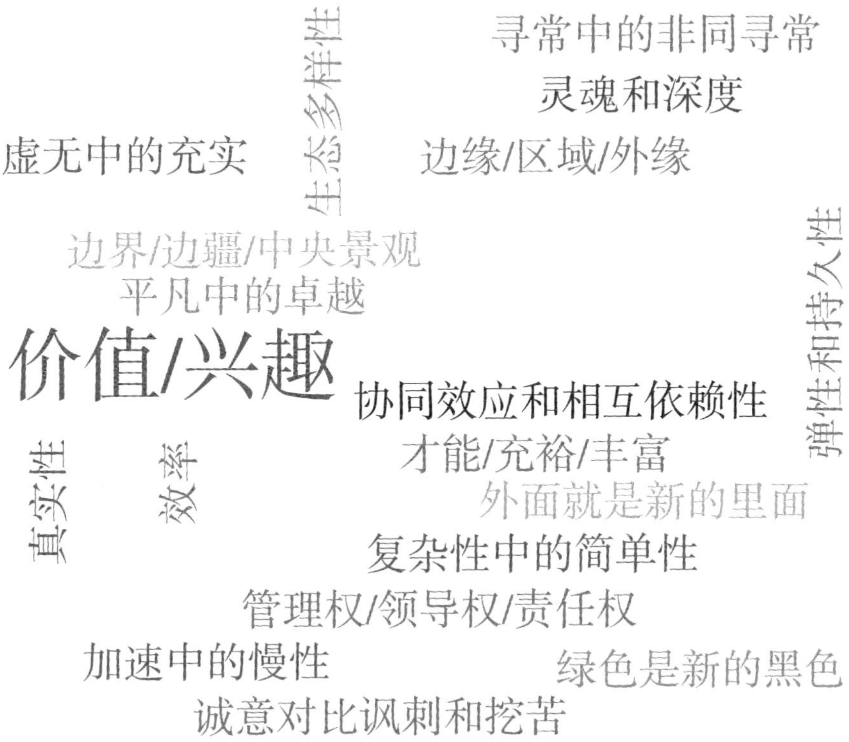

生态多样性
寻常中的非同寻常
灵魂和深度
虚无中的充实
边缘/区域/外缘
弹性和持久性
边界/边疆/中央景观
平凡中的卓越
价值/兴趣
协同效应和相互依赖性
真实性
效率
才能/充裕/丰富
外面就是新的里面
复杂性中的简单性
管理权/领导权/责任权
加速中的慢性
绿色是新的黑色
诚意对比讽刺和挖苦

图7.10　价值／兴趣

第八章 | 城市主义之侧步：侧转金字塔

“那些刚开始兴起的完全不同于那些已经消失的：我们不能彻底消除一些事物，比如社会等级，但那些即将来到的或将没有上限或下限，甚至没有名字。”

——詹姆斯·希尔曼（2011）

“能意识到我们当下正拥有得天独厚的机会以重新思考一些学科的核心是有价值的，因为这有助于我们对城市现象作更多思考。”

——穆赫辛·莫斯塔法伊（2010，5）

托马斯·康帕内拉最近的言论触动了规划界，他担心城市规划已经变成了一项“平凡的职业”（康帕内拉 2011），于是质问道：“为何这样一个原本具有雄心壮志、为生活呐喊的职业，如今却胆小如鼠？”康帕内拉（2011）提出以下这些挑战：

“如何培养规划师们再次高瞻远瞩以恢复这个职业的本色？如何确保规划专业学生的理想主义不被实践所磨灭？如何让规划师成为胸怀壮志的思想者，有勇气对现状做不同的设想，有能力和胆量引领美国建设，将这个国家变得更绿、更可持续？……我们的行业已经成为一个保姆职业——只会回应，不会主动出击；只会纠正，不会先发制人；被法规绑得死死的，不再有憧憬。如果我们住在内华达州，或许还说得过去。但我们不是，我们正身处前所未有的全球城市化浪潮中，但我们并没有在驾驶舱中，更别说掌舵了，甚至可能还没有登船呢。”

几年前，社会学家内森·格雷泽（2007，270）也有类似发现：

“大部分关注城市的人一定会同意，规划师的形象在大众眼中并没有那么鲜明或引人注目。城市规划，通常指大尺度规划，其声誉并不太好……很显然，规划师作为改革者和希望引领者的主导形象已经不复存在，至少我认为他们曾经是被这样认为的……今天的规划师了解项目的各个细节，对法规也耳熟能详，但宏图伟业似乎已经不是他们的责任了……所以自然而然，今天当我们认为城市和郊区哪里做得不对或如何去改进时，通常不会想到去找规划师们。只有当需要一些细节上的帮助时，我们才求助于他们。”

十多年前，詹姆斯·霍华德·孔斯特勒（1993）简明诘问：“被称为城市规划的这一现代职业还在继续制造好的场所吗？”

那么建筑师和城市设计师们又在做什么呢？格雷泽是这么形容建筑师的：“由建筑师设计城市的悠长历史看起来快要终结了，或至少是一个短暂的停顿，建筑师们不再设计城市，也没有再被要求这么做。建筑师和城市设计之间的关系可以追溯到文艺复兴时期或更早，连续经历了美国城市美化运动和早期的现代主义运动，现在正处于停滞期。”

亚历克斯·克里格对城市设计师也有类似的哀叹：

“英雄主义式塑造城市的传统或许已经衰败，20世纪的一些城市设计理论给城市带来了巨大创伤。但我们的文化观察者提醒我们，设计师们不能仅仅依赖于实用主义和技术，也不可能等到公众意见一致时再吸收意见去设计。城市设计师必须会思考，也要有想法……但今天已不如20世纪初，这样的勇士越来越罕见，或者说我们越来越少听到他们对城市的憧憬。”

当那些受过专业训练的人不再担当主要角色时，城市设计工作则主要由私人开发商、城市议会和开发评审会协商决定。那么，这些转变带来了什么影响呢？

一个世纪以前，当丹尼尔·伯纳姆高唱大规划颂歌时，那是城市快速发展的时期，许许多多的规划方案和愿景在那时候诞生，它们指导了之后半个世纪的城市建设。现代城市主义除了众所周知的失败外，其混淆性和信任危机也在很大程度上磨灭着憧憬。现代城市主义的缺点要同时归咎于其结果和过程，即“做了什么”和“怎么做的”。就结果（做了什么）而言，现代城市主义的主要理论是将功能分离，导致街道的死亡和对小汽车的依赖；就过程（怎么做的）而言，存在的问题是没有有效的公共参与，也没有考虑现状建成环境、自然景观、历史和文化背景等因素。从现代城市主义的终结中醒悟过来后，众多“开放社会”和公共参与工作开始兴起，虽然它们避免了规划师一意孤行，但对改善场所仍是差强人意。

如果我们采用第一章简介中所描述的优质城市主义的药方，就可以有效地治愈第一个缺点（结果）[1]。然而，第二个缺点（过程）很大程度上已经消亡，这严重损害着规划和城市设计行业。这些行业没有涉及核心问题，而将注意力集中在较狭隘的追求、当前的技术和地盘之争上（为拿到项目而相互竞争，而不是去争取实现优质城市主义）。在没有能力读懂这些药方的情况下为优质城市主义开药，显然无法根治现代城市主义所造成的创伤，这就能解释为什么自从现代城市主义失败以来，我们常常听到对缺乏雄心壮志规划的哀叹。

令人振奋的是，如本书所述，另一种类型的愿景规划和城市设计已经开始兴起，它对两个缺点都能起到治愈作用。这种全新的类型借助联合创造的力量来推动项目进展。纵观规划的历史，从其诞生以来一直到现代城市主义消亡，愿景规划和城市设计向来都是自上而下展开的；而1960年代的运动主张富有同理心的自下而上规划。自此之后，两种观点都有所弱化，更常见的是两者的结合。

本书前面提到的许多案例，既非自上而下或自下而上，它们或许应该被称为“侧步城市主义”。任何人——政治领袖、规划师、建筑师、慈善组织、文化社团、大学机构或社区兴趣组织的成员们，都能够发起这种行动[2]。开

---

[1] 这几年一些重要的城市规划开始结合早期的新城市主义理论，并采用最先进的建筑、交通和交流技术，以实现可持续性和零碳消耗。

[2] 在《收复城市设计》中，艾米莉·塔伦（2009）详细介绍了如何推动城市设计方案的操作步骤。

始是某人或某些人有一个想法，然后迅速召集其他利益相关者共同去优化和实现这个想法。在这个过程中，他们会成立一个团体负责和监管这个项目，制定实施政策，并且允许其他人能够很容易地仿效实施。

侧步（或横向）城市主义沿着通往繁荣的这条道路（见第二章）或类似的途径[1]。当专注于为人们改善场所时，金字塔就会发生侧转。这里我们结合“需求层次理论图”和“优势等级图”，所以这个侧转后的金字塔或许看起来就像图8.1那样。

当人们有了燃料（能源）和工具（知识和技术）时，就会有想法，并且同其他人一起合作、集结必要的资源以实现这些想法。实现想法并从中获益可以满足人们在心理、安全、社会和自尊等方面的需求，事实上这些需求相互纠结，很难将它们分清楚。如果最终的宝石是从场所和社区的已有优势之上提炼而得，人们更能够实现自我价值。

位于传统组织构建图顶端的决策制定者以往责任范围内的工作，现在在他们接手之前已经被完成。这并不意味着他们的权利被削弱，恰恰相反，这个过程实际上赋予他们更多权利，因为他们仍对这个过程有审批权。而且，通过联合创造这个过程所产生的成果被感兴趣且主动负责这个项目的团体所打磨过，他们投资了项目，如果项目得以实现，他们将感觉十分自豪。事实上，在最终的决策制定者接手这个项目之前，如此多的工作已经被完成，因此这个过程可以大大减少通常在项目批准、资金召集，以及公众支持获取等方面所需花费的巨大投资。若没有这个过程，这些步骤则很难有保障。有了它，项目实际上已经开始了，而决策制定者的橡皮章现在就像一个真正的市民公仆，在一边候着，决定着他们的主人在公众心目中的受欢迎度和获支持度。除此之外，当决策制定者们所在的城市有非常成功的项目时，决策制定者们还可以标榜为自己的功劳。

这本书一直强调每个人都能为重塑场所健康做一些贡献，其中城市主义的专业人员们担当着一个特殊的角色。专业人员们包括规划师、建筑师、城市设计师和景观建筑师们，其贡献就是提供自身的特长、经验，以及对如何最好地延续城市建设传统（即人文、景观生态、系统设施和形态塑造的先锋）的理解。城市主义的专业人员还能对通往繁荣的这条道路提出指导意见，协

[1] 例如，由亚历克斯·费尔逊领导的城市生态和设计实验室（UEDLAB），“以跨学科的形式同利益相关者和社区紧密合作，常常融合自下而上（公众参与）和自上而下（设计、场地规划和经验研究），以达成共识并且为所有人制造机会”（UEDLAB 2011）。

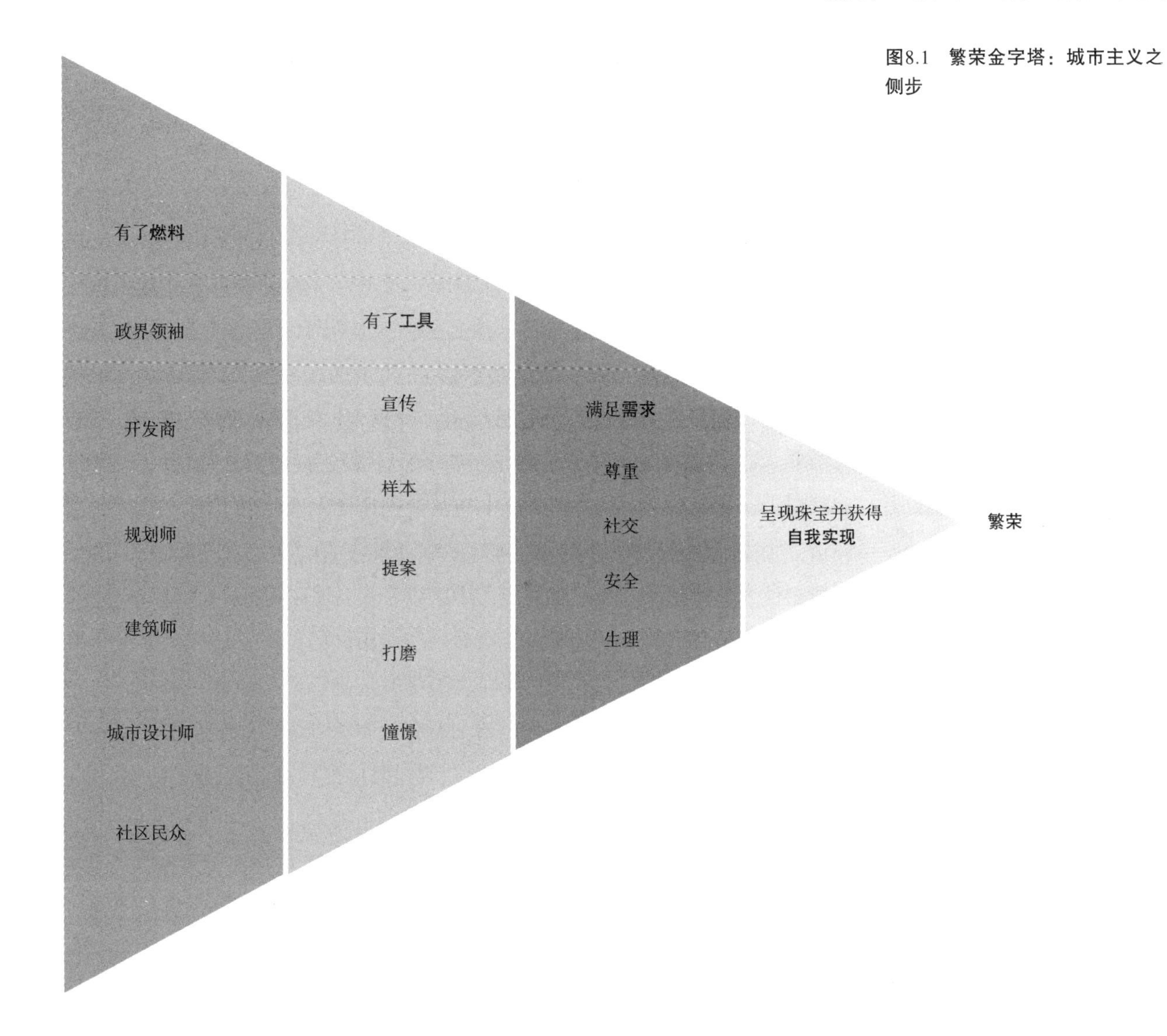

图8.1　繁荣金字塔：城市主义之侧步

助其他人参与到积极的转变中来。建筑哲学家卡斯滕·哈里斯（1998，264）提醒说，城市主义的专业人员必须警惕不要将学院和职业道德从手工／技术中剥离开来。从最成功的当代实践中我们了解到，这听起来有悖常理，但事实上当专业人员和其他人一起工作时，可以提升专业人员的效率。认识和鼓励更多不同领域内的人参与进来时，他们就会做出更好的方案，也更容易去实现它们。

城市主义专业人员还可以为不同领域牵线搭桥。专业和学科的局限性将世界划分成不同领域，当它们发生碰撞时，在临界处可能会产生一些棘手的问题，但实际上这些临界处往往对发展起着最重要的作用（艾琳 2006，133-34）。最后，城市主义专业人员的贡献还在于能为人们和其所居住和工作的场所之间建立联系。

哲学家劳伦斯·哈沃斯是《优秀城市》的作者，早在1960年代他就曾主张规划师要以给人们创造好的场所为目标："决定什么事情放手让人们去做，然后安排设施让他们可以去做这些事情"（哈沃斯 1965）[1]。经历了几十年的消沉后，这个专业终于开始盘旋上升。克里夫·艾里斯（2005，144）说："规划专业正面临着一个黄金机会，终于可以"做正确的事情"、表达对城市和区域设计的尊敬、也可以把公众的想法放到最优先地位去考虑。"艾里斯注释道："如果规划师们没有具备处理环境规划事务的信心、敏锐和机智；如果不能将优秀场所从差的或平庸的场所中区别开来；如果不能成功的和设计界、工程界同行合作；如果不能教育大众对现状做不同的思考，那么这个机会将被白白浪费"（2015，144）[2]。康帕内拉提升规划师们想象力和影响力的方式是让他们尽可能多地接受培训，成为所有项目的专家[3]。他辩解说："规划师在今天需要的不是放大镜或广角镜，他们需要广角的放大镜"（康帕内拉 2011）。

除了胸怀宏图壮志，有效的团队合作对于规划师来说也相当重要。规划师不应搞殖民化，而应基于项目场地现有的优势着力加强这些优势。规划师要具备同时在不同尺度上工作的能力——看得见"一盘散沙般的世界"，也能看见每一粒散沙；能作为"情况处理者"辨别各式各样的要求以选择合适的技术和策略[4]。规划师的能力还应包括合作、协助、设立标准、评估影响、设想方案、建立社区、达成共识、聆听、交流、汇报、管理、教育和创造场所等。

在通往繁荣的道路上施展这些技能，则能够实现"将规划师转变成拥有宏图壮志的思想者，让他们有勇气去为现状做不同的设想"的（康帕内拉 2011）目标；有助于实现规划理论家帕齐·希利（2006，336-37）极力推荐的"恢复规划项目的创新活力"；或许，还将实现莱奥妮·桑德尔洛克大声呼吁的"认

---

[1] 霍沃斯（1965）主张说：必须"找到人们试图在做的事情，界定城市中阻碍他们去做这些事情的细节，然后清除这些障碍"。他极力拥护简·雅各布斯。

[2] 康帕内拉（2011，15）将规划的目标类似地定义为"远远不止于可持续、健康、有效以及美丽的城市和区域"。

[3] 康帕内拉（2011，15）解释说：学生们在学习经济、法律和管理等课程外，也应当接受成为热衷于城市景观观察者的训练，有能力解开建筑风格的密码，了解场地设计和城市模式的发展历史。他们应当知道一个城市的建筑环境是如何形成的——包括交通系统和市政体系、排污和供水等。他们应当了解生物学基础和一个场所的自然系统，能够读懂一块场地和它的地形以及植被，知道现在漫山遍野的枫树所在地曾经只有一棵松树孤立四野。他们应当掌握最基本的影响分析并且能够评估发展方案对交通、水质和城市碳足迹的影响。如果他们无法熟练掌握所有知识，至少应当有能力进行场地分析并且——更重要的是——能熟练地评估别人的场地方案。这样的训练能把塑造和管理建成环境的能力放在规划教育系统中最中心的位置。

[4] 亚历克斯·克里格（2000）定义了一位理想的规划师应拥有的九项品质，其中之一是作为"情况处理者"的能力，与空想家正好相反。

识到多样性”的“规划憧憬新品质”（2003，3，76）。所以，规划师作为创新者和领导者，能够兑现很久以前刘易斯·芒福德所描述的“规划承诺”。相关专业的城市设计师[1]、建筑师和景观建筑师也能朝着更有影响力的结果去贡献自己的力量。琼·布斯克茨（2007，15）写道：“当今社会，人们正在创造一种全新的“城市性”模式，我们的工作就是去读懂这些新模式，并以此为基础让人们参与城市建设和创造城市形态。”

城市主义的专业人员除了用实践为不同领域牵线搭桥外，也能通过学习研究来填补不同专业之间的隔阂。有些重要的研究工作已经证明人和场所之间的紧密联系，最著名的莫过于适宜步行的城市和肥胖症及公众健康等方面之间的关联性（艾温等 2006，弗兰坎，坦诚和杰克逊 2004，库布尔能 2009，丹嫩贝格，弗兰坎和杰克逊 2011，福赛思·理查森 2011），还有更多相关研究等着我们去做。但是，如果一门学科与其他相关专业没有联系，仅仅局限在自己的领域，靠奖学金机制去做一些权威研究，而研究成果只有少数一些人能拜读，那么上述跨专业的研究工作是没法完成的。这种局限于某个特定学科的研究对工作质量、其潜在影响力以及能够启发和辅导下一代的能力方面都有负面影响，曾经推崇的术业专攻热潮现在正在慢慢减退。

因此，为了不让宝贵的知识财富白白浪费，各个大学正开始调整奖学金机制以鼓励更多有影响力的研究[2]。亚利桑那州大学的主席迈克尔·克罗是这项运动的一位先驱，他提倡“与社会结合”和“以结果为导向”的研究。他宣称：“我们不再允许大学对它们所处的社区保持冷漠……是时候让大学意识到自己的道德职责了，为了它们所培育的知识，也为了它们所在的城市……我们必须鼓励知识融合，创造跨专业知识以解决现实世界的问题，而不再简单地孤立自我、只为知识而求学”（克罗 2007）。这股姗姗来迟的奖学金机制调整风潮广受欢迎，它确保大量人才和学院资源可以专注于为积极改善当地、国家乃至全球的社区而做的研究。

[1] 克里格（2009，vii）对城市设计的定义是这样的：“城市设计是一门技术含量较少的学科，而更多的是一种以不同的学科为基础的思维定式，寻求、分享和倡导关于社区形式的见解。将城市设计师们绑在一起的是他们对城市生活的承诺、对城市维护的工作以及对改善城市环境的决心”。

[2] 由八十多名工作人员和大学组成的一个国家团体出版的报告记录了“公共奖学金”的一个重要转变。报告说，如果学术界认为公众参与是与其不相关的，那么它就在宣告自身的孤立性，所以应当通过授予奖学金而不是仅仅视其为宣传策略里的“社区服务”来支持公共学术研究（康托尔和拉维内 2008）。

第九章 结　论

优秀的城市主义者可以是城市领袖、场所治疗师、有创意的企业家（为独特的当地经济做贡献的人），或企业的创新者（艺术家）；也可以是连接者、专家（研究者）和推销员（倡导者），这三种职能按照马尔科姆·格拉德威尔在《顶点》中（2000）的话来说，是一个转变真正所必需的。

一名优秀的项目经理会根据现有的组织架构优势建立团队，一名优秀的城市主义者同样也应从已有基础之上开始工作。在改善我们居住环境的工作中，无论是专业人员还是业余爱好者，都应从个人直觉和寻找已有优势开始。随后邀请其他人一起思考如何才能最大限度地利用这些优势，憧憬最佳可能性并且展现它们。

优质城市主义建立在人们和当地的特性之上，即他们的首要物质或基因；而不会专注在缺陷或问题上；它通过善用现有条件包括自然景观、历史、文化、建筑、社区、商业、文化研究院、学校以及社区的人才、创意和技能等去改善场所。优质城市主义用这种做法，有助于支持当地经济、鼓励新经济的发展、吸引全国和全球资本在当地的投资。同时，优质城市主义建立于文化优势之上，这些文化优势支持着社区的丰富多元性，包括历史建筑和地区、充满表现力的艺术和文化，以及各个场所内各式各样的创意和专长。另外，优质城市主义建立在环境优势之上，展现人类可以恢复和改善环境的能力，这些通常表现在相互连接的公共空间体系和将更多自然融入城市的行动中。在实践优质城市主义的过程中，一个能自我调整的动态反馈机制会被启动，它能确保社区在现有优势之上有创意、永不落伍地去发展建设。

在展望未来的同时，优质城市主义也敬仰传统并取其精华，但不会一味地仿效历史。例如，底特律的传统——“创新精神”，值得保留和学习，但没有必要复制它的汽车制造历史。优质城市主义无需局限在单一传统之上，它可以同时发展和吸收多个传统的精华。

优质城市主义中重复出现的主题包括：慢、流、低和当地。“慢”是指对可能带来毁灭性的快速变化踩刹车，也正是“慢城市”（http：//www.cittaslow.org）和“慢食物”（http://www.slowfood.com”等这些运动所提倡的，它响应着美·韦斯特的发现：“任何值得去做的事都应该慢慢去做。”增量城市主义（亚历山大等1987，奥托和洛根1989，凯米斯1995）也提倡“慢”。“流”是指我们要从优质城市主义的进化背景中，找到已经存在的“流”，尊敬它们并且为其清除物理和社会障碍。说到“低”，最简单、优雅和有效的城市设计解决办法通常是低影响和低科技的——例如采用洼地、蓄水池和灰水来取代下水道和市政水网；用城市农业取代不具备生产性的道路路肩和草坪，同时还能节省从食物超市购买农产品的需求。至于“当地”，时下流行的趋势是当地发展、吃当地食物、在当地购物、雇佣、孵化（理念、技术和商业）和生产（能源）（麦吉2007）（图9.1）。

总之，优质城市主义的目的是通过改善“场所品质”来提高生活质量。为了实现这个目标，它把人们聚集在一起，让他们共同商讨，为未来描绘一幅能够实现的蓝图。优质城市主义不采取恐吓和控制的手段，而是启发和树立典范。对于原本最突出问题，优质城市主义通过发掘其面纱掩盖下的优势，将它转化成最有力的解决方案。

优质城市主义在“通往繁荣的道路”上共经历六个阶段：憧憬、打磨、提案、样板、提倡和呈现。它通过城市针灸法移除“城市经络”中的堵塞，从而解放城市的生命力，复兴城市和经济。在20世纪，身体和灵魂、人类和自然，以及人与人之间的关系都受到了严重创伤，这些都可以通过优质城市主义而得到复原。

良好的人际关系和社区有赖于信任感，但随着20世纪下半叶城市遭到严重分割，孤立的建筑充斥着城市，这种信任感被摧毁（艾琳1997）。优质城市主义正是在双向互动的人际交往过程中培养关系和建立社区，这种建立于关系和社区之上的信任感更坚固。

图9.1　“你能有多当地？”，位于犹他州盐湖城的整食超市门口
（图片来源：南 · 艾琳）

与最常见的“与现实合谋”做法相比，优质城市主义并非以技术见长，而是在技术中掺入了机会成分。以技术见长的方法如同间谍或双重身份的人，他们躲避在暗处，常常仅为满足一己私欲；或如游击部队的建设者，通常用政治手段试图干预尤其是他们所在地方的建设（莱登等 2011），这种方法往往是愤世嫉俗的或被动式的攻击。而优质城市主义则目标清晰甚至理想化地朝着为改善人们生活环境的方向而努力，通过致力于规划和设计的过程来收获丰厚的回报，即一个成功的产品。过程和产品两者都有助于创造协同效应、工作效率和各种关系等。

优质城市主义是实际可行的，也是主动出击型的。它超越当前主要作为“解围和导演”角色或事无巨细的规划专业，也超越为夺取权利、威望和利益而发生的竞争。它既非自上而下，亦非自下而上。它是侧步的城市主义，由决策者、城市设计专业人员和为了共同利益而紧密合作的社区组成。优质城市主义诚邀专业人员和利益相关者们共同参与，热烈欢迎他们的到来，让他们一起将梦想照进现实。

优质城市主义创造宜居且可爱的场所，在那里，人们能感受自我，也能感觉到和其他人、和自然、当地、神明、过去以及未来之间密不可分的联系。在比以往任何时候都需要这些的当下，优质城市主义憧憬着最佳可能性，并且集结资源去实现它们。它通过渲染场所潜在的繁荣来做这些事情。

优质城市主义正在变得越来越普遍，也越来越有可能实现。

你，是一个优质城市主义者吗？

附录A | 优质城市主义的主题／细节

- 慢
- 流
- 低
- 当地
- 城市中的自然
- 相互连接的开放空间系统
- 城市和区域的网络模型
- 改造再利用：建筑和基础设施
- 以公交为导向的开发
- 适宜步行性和适宜骑自行车性
- 创意企业
- 企业的创新
- 联合多领域的专家团队
- 与利益相关者联合创造，有时采用移动交互技术和社会媒体
- 在互联网、印刷媒体和广播电视上、以及在学术交流、同社区组织以及在公共空间和“第三场所”中（Oldenberg 2007）发生的关于城市主义的对话

案例研究主题 **表 A.1**

项目	慢	流	低	当地	城市中的自然	相互连接的开放空间系统	城市和区域的网络模型	改造再利用：建筑和基础设施	以公交为导向的开发	适宜步行性和适宜骑自行车性	创意企业	企业的创新	联合团队	与利益相关者联合创造	社区参与	关于城市主义的对话
高线公园 纽约市		✔		✔	✔	✔		✔		✔		✔	✔	✔	✔	✔
运河景观 大菲尼克斯城地区		✔	✔	✔	✔	✔	✔	✔	✔	✔	✔	✔	✔	✔	✔	✔
市民中心 多地	✔		✔	✔				✔			✔	✔	✔	✔	✔	✔
憧憬犹他 犹他州	✔	✔	✔	✔	✔	✔	✔		✔	✔			✔	✔	✔	✔
BIM 风暴和 Onuma 系统 任何地方		✔				✔	✔						✔	✔	✔	✔
西雅图开放空间 2100 大西雅图地区		✔	✔	✔	✔	✔	✔	✔		✔			✔	✔	✔	✔
CEDAR 方法 犹他州的胡珀市	✔	✔	✔	✔	✔	✔								✔	✔	✔
阿肯色大学的社区设计中心 阿肯色州	✔	✔	✔	✔	✔	✔		✔	✔	✔			✔	✔	✔	
日出公园 维吉尼亚州的夏洛茨维尔市				✔	✔	✔		✔		✔			✔	✔	✔	✔
地表工程 明尼苏达州的明尼阿波利斯棒球场地区		✔		✔	✔	✔		✔	✔	✔		✔	✔	✔	✔	✔

附录 B | 优质城市主义是……

建立于优势之上的

优质城市主义专注于挖掘和善用那些已经存在的场所优势，并且从中汲取灵感，通过利用包括自然景观、历史、文化、建筑、社区、商业、文化学院、学校和社区成员的才能、想法和技能等优势来改善场所。

补助型的

就像保健医疗让人体和生活环境更健康，补助型城市主义同样有助于包括人类在内的整体环境。它和快速衍生的补助货币（例如旅行里程点数、时间银行和当地货币等）同时在全世界悄然兴起。它类似于补助货币，仅对已经存在的事物做补充而不是去取代它们或与之竞争。优质城市主义保护那些有价值的，改善那些或许表现低下的，然后在这张已经画过的纸上而非一张被擦除过的纸上去绘制去发展。

包容的和理想化的

优质城市主义旨在创造真实的改变和能让人们过上精彩生活的繁荣场所。优质城市主义提倡人人创造并且服务于人人，它邀请众多领域的专家和利益相关者们共同参与，欢迎他们的加入，并且同他们合作将创意带入生活。优质城市主义既非自上而下亦非自下而上，它是侧步的城市主义，能让决策者、城市设计师和社区民众肩并肩、齐心协力地朝着互融互惠的目标前进。优质城市主义以生活品质来衡量成功，而不是 3P：权利（power）、利益（profit）

和威望（prestige）。

技能的和专业的

优质城市主义包容所有人，也依赖于专业城市主义者包括建筑师、规划师、城市设计师和景观建筑师的专长和经验——通常是跨领域的合作团队。除了提供技术技能，专业城市主义者知道哪一种城市建设方法最适宜于既有的情况——人类学、景观生态、系统和以城市形态为主导等——并且能够在通往繁荣的道路上提供指导意见。专业的优质城市主义者规划和设计着这个过程，他们沿途试新着其他工具以建设成功的场所。

主动的和实用的

优质城市主义并非以策略为主导，而是在其中混合了机会成分。优质城市主义在瞻仰未来的同时，尊重和延承传统，但并非照搬历史。优质城市主义能够同时混合和发展多种传统，而非仅选择其中的一种。优质城市主义憧憬最佳可能性并且集结支持和资源以实现它们。

既是过程也是产品

优质城市主义描绘了一种提升人类场所健康和活力的方法，同时其自身也是被提升后的结果。

生产的和结合的

优质城市主义的过程和结果创造协同性、效率和关系。优质城市主义启动一个能生产和动态自我调整的反馈机制，确保社区总是基于自己的优势有创意地建设。

转变的

优质城市主义通过挖掘被掩藏的潜在价值，能够将问题转化为机会并实现这些价值。比以往任何时候都更需要它的当下，优质城市主义憧憬着并且在建设更好的未来，它超越了可持续，迈向繁荣。